教科書ぴったりトレーニング

はなまるシール

- ふろく …… !
- はじめ …… で、
  がんは ……
- 学習が終わったら、がんばり表に「はなまるシール」をはろう！
- 余ったシールは自由に使ってね。

キミのおとも犬
元気いっぱい お肉大好き！
つっこみ役 みんなの世話係
ちょっとこわがり 最年少
おっとり 読書好き
やさしくて物知り みんなの先生
はなまるシール
すごい！
いいね！
集中!!
その調子！
できる！
ナイス！
むずかしい…
がんばろう！
もう1回!!
よくできたね！
国語
理科
英語
算数
社会
ごほうびシール
よくできました

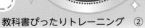

教科書ぴったりトレーニング 算数6年 がんばり表

いつも見えるところに、この「がんばり表」をはっておこう。
この「ぴたトレ」を学習したら、シールをはろう！
どこまでがんばったかわかるよ。

5. データの活用
❶ データの特ちょうを表す値とグラフ
❷ 度数分布表と柱状グラフ
❸ データの活用
❹ いろいろなグラフ

30〜31ページ ぴったり12 できたらシールをはろう
28〜29ページ ぴったり12 できたらシールをはろう

4. 文字を使った式
❶ 文字xを使った式
❷ 2つの文字x、yを使った式

26〜27ページ ぴったり3 できたらシールをはろう
24〜25ページ ぴったり12 できたらシールをはろう
22〜23ページ ぴったり12 できたらシールをはろう

3. 円の面積
❶ 円の面積

20〜21ページ ぴったり3 できたらシールをはろう
18〜19ページ ぴったり12 できたらシールをはろう

32〜33ページ ぴったり12 できたらシールをはろう
34〜35ページ ぴったり12 できたらシールをはろう
36〜37ページ ぴったり12 できたらシールをはろう
38〜39ページ ぴったり3 できたらシールをはろう

活用 読み取る力をのばそう

40〜41ページ できたらシールをはろう

6. 角柱と円柱の体積
❶ 角柱と円柱の体積

42〜43ページ ぴったり12 できたらシールをはろう
44〜45ページ ぴったり3 できたらシールをはろう

7. 分数の
❶ 分数をか
❷ 逆数

46〜47ページ ぴったり12 できたらシールをはろう

11. 拡大図と縮図
❶ 拡大図と縮図
❷ 拡大図と縮図のかき方
❸ 縮図の利用

86〜87ページ ぴったり3 できたらシールをはろう
84〜85ページ ぴったり12 できたらシールをはろう
82〜83ページ ぴったり12 できたらシールをはろう
80〜81ページ ぴったり12 できたらシールをはろう

10. 比
❶ 比の表し方
❷ 等しい比
❸ 比の利用

78〜79ページ ぴったり3 できたらシールをはろう
76〜77ページ ぴったり12 できたらシールをはろう
74〜75ページ ぴったり12 できたらシールをはろう

12. 比例と反比例
❶ 比例
❷ 比例の式
❸ 比例のグラフ
❹ 反比例
❺ 反比例の式
❻ 反比例のグラフ

88〜89ページ ぴったり12 できたらシールをはろう
90〜91ページ ぴったり12 できたらシールをはろう
92〜93ページ ぴったり12 できたらシールをはろう
94〜95ページ ぴったり12 できたらシールをはろう
96〜97ページ ぴったり3 できたらシールをはろう

★プログラミングにちょうせん！

98〜99ページ プログラミング できたらシールをはろう

13. お
❶ おょ

100〜1 ぴった できたシー

好きななまえを
つけてね！

なまえ

ぴた犬
（おとも犬）
シールを
はろう

シールの中から好きなぴた犬を選ぼう。

2. 分数と整数のかけ算・わり算

① 分数×整数
② 分数÷整数

6〜17ページ	14〜15ページ	12〜13ページ
ぴったり3	ぴったり12	ぴったり12
できたらシールをはろう	できたらシールをはろう	できたらシールをはろう

1. 対称な図形

① 対称な図形　③ 点対称な図形
② 線対称な図形　④ 多角形と対称

10〜11ページ	8〜9ページ	6〜7ページ	4〜5ページ	2〜3ページ
ぴったり3	ぴったり12	ぴったり12	ぴったり12	ぴったり12
できたらシールをはろう	できたらシールをはろう	できたらシールをはろう	できたらシールをはろう	できたらシールをはろう

スタート

かけ算

る計算　③ 積の大きさ　　　⑤ 計算のきまり
④ 面積や体積の公式と分数

48〜49ページ	50〜51ページ	52〜53ページ
ぴったり12	ぴったり12	ぴったり3
できたらシールをはろう	できたらシールをはろう	できたらシールをはろう

8. 分数のわり算

① 分数でわる計算　③ 計算のくふう
② 商の大きさ　　　④ 分数倍とかけ算、わり算

54〜55ページ	56〜57ページ	58〜59ページ	60〜61ページ
ぴったり12	ぴったり12	ぴったり12	ぴったり12
できたらシールをはろう	できたらシールをはろう	できたらシールをはろう	できたらシールをはろう

活用　読み取る力をのばそう

2〜73ページ	70〜71ページ
ぴったり12	
できたらシールをはろう	できたらシールをはろう

9. 場合の数

① 並べ方
② 組み合わせ方

68〜69ページ	66〜67ページ	64〜65ページ	62〜63ページ
ぴったり3	ぴったり12	ぴったり12	ぴったり3
できたらシールをはろう	できたらシールをはろう	できたらシールをはろう	できたらシールをはろう

よその面積や体積

その面積や体積

6年間のまとめ

01ページ	102〜103ページ	104〜112ページ
12	ぴったり3	
できたらシールをはろう	できたらシールをはろう	できたらシールをはろう

ゴール

最後まで
がんばったキミは
「ごほうびシール」
をはろう！

もくじ

算数6年
大日本図書版
新版　たのしい算数

教科書ぴったりトレーニング
▶3分でまとめ動画

		教科書ページ	ぴったり1 準備	ぴったり2 練習	ぴったり3 確かめのテスト
❶対称な図形	①対称な図形 ②線対称な図形 ③点対称な図形 ④多角形と対称	16〜29	▶ 2〜9		10〜11
❷分数と整数のかけ算・わり算	①分数×整数 ②分数÷整数	32〜44	▶ 12〜15		16〜17
❸円の面積	①円の面積	45〜54	▶ 18〜19		20〜21
❹文字を使った式	①文字 x を使った式 ②2つの文字 x、y を使った式	57〜64	▶ 22〜25		26〜27
❺データの活用	①データの特ちょうを表す値とグラフ ②度数分布表と柱状グラフ ③データの活用 ④いろいろなグラフ	66〜87	▶ 28〜37		38〜39
活用 読み取る力をのばそう		88	40〜41		
❻角柱と円柱の体積	①角柱と円柱の体積	88〜97	▶ 42〜43		44〜45
❼分数のかけ算	①分数をかける計算 ②逆数 ③積の大きさ ④面積や体積の公式と分数 ⑤計算のきまり	99〜112	▶ 46〜51		52〜53
❽分数のわり算	①分数でわる計算 ②商の大きさ ③計算のくふう ④分数倍とかけ算、わり算	115〜131	▶ 54〜61		62〜63
❾場合の数	①並べ方 ②組み合わせ方	133〜142	▶ 64〜67		68〜69
活用 読み取る力をのばそう		144〜145	70〜71		
❿比	①比の表し方 ②等しい比 ③比の利用	147〜158	▶ 72〜77		78〜79
⓫拡大図と縮図	①拡大図と縮図 ②拡大図と縮図のかき方 ③縮図の利用	162〜175	▶ 80〜85		86〜87
⓬比例と反比例	①比例 ②比例の式 ③比例のグラフ ④反比例 ⑤反比例の式 ⑥反比例のグラフ	181〜202	▶ 88〜95		96〜97
★ プログラミング プログラミングにちょうせん！		204〜205	98〜99		
⓭およその面積や体積	①およその面積や体積	207〜209	▶ 100〜101		102〜103
6年間のまとめ		211〜225	104〜112		

巻末	夏のチャレンジテスト／冬のチャレンジテスト／春のチャレンジテスト／学力診断テスト	とりはずして お使いください
別冊	答えとてびき	

3分でまとめ

1 対称な図形

① 対称な図形

教科書 16～19ページ ▷ 答え 1ページ

✐ 次の □ にあてはまる数や記号を書きましょう。

◎ねらい 線対称な図形の意味がわかるようにしよう。

練習 ①②③→

🐾 線対称な図形

　1つの直線を折り目にして2つに折ったとき、折り目の両側の部分がぴったり重なる図形を**線対称**な図形といいます。
　折り目にした直線を**対称の軸**といいます。

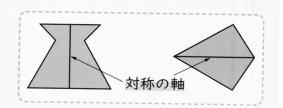
対称の軸

1 右の線対称な図形には、対称の軸がそれぞれ何本ありますか。

(1) 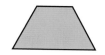　(2) 　(3)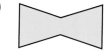

解き方 対称の軸をかき入れると、図のようになります。

うすい線は、なぞって考えよう。

(1) 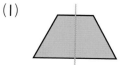　(2) 　(3)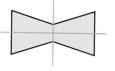

答え □ 本　答え □ 本　答え □ 本

◎ねらい 点対称な図形の意味がわかるようにしよう。

練習 ②③→

🐾 点対称な図形

　1つの点を中心に180°回したとき、もとの図形にぴったり重なる図形を**点対称**な図形といいます。
　回すときの中心を**対称の中心**といいます。

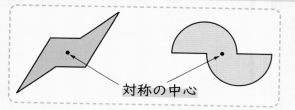
対称の中心

2 右の形のうち、点対称な図形はどれですか。

あ 　い 　う

解き方 あといは、下の図の点Oを中心にして ① □ °回すと、もとの図形にぴったり重なります。

あ 　い

いは線対称な図形にもなっているね。

答え ② □ と ③ □

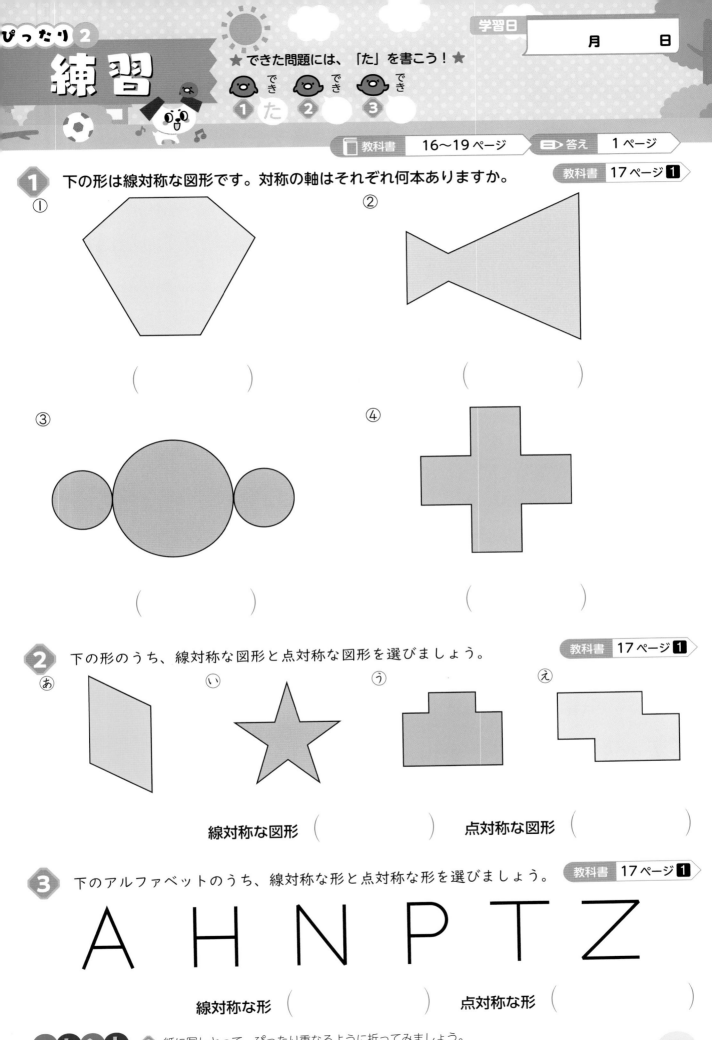

ぴったり② 練習

★ できた問題には、「た」を書こう！★
でき ① た　でき ②　でき ③

学習日　月　日

教科書 16〜19 ページ　答え 1 ページ

1 下の形は線対称な図形です。対称の軸はそれぞれ何本ありますか。　教科書 17 ページ 1

① (　　　)

② (　　　)

③ (　　　)

④ (　　　)

2 下の形のうち、線対称な図形と点対称な図形を選びましょう。　教科書 17 ページ 1

あ　い　う　え

線対称な図形 (　　　)　点対称な図形 (　　　)

3 下のアルファベットのうち、線対称な形と点対称な形を選びましょう。　教科書 17 ページ 1

A H N P T Z

線対称な形 (　　　)　点対称な形 (　　　)

ヒント ① 紙に写しとって、ぴったり重なるように折ってみましょう。

1 対称な図形

② 線対称な図形

教科書 20〜22 ページ　答え 2 ページ

✏ 次の □ にあてはまる数やことば、記号を書きましょう。

◎ねらい　線対称な図形について理解しよう。

練習 ① ② →

🐾 **対応する点、対応する辺、対応する角**
　線対称な図形を、対称の軸で折ったとき、重なり合う点、辺、角を、それぞれ**対応する点**、**対応する辺**、**対応する角**といいます。対応する辺の長さや、対応する角の大きさは、それぞれ等しくなっています。

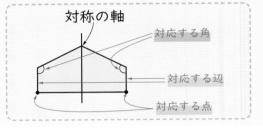
対称の軸
対応する角
対応する辺
対応する点

1 右の図は線対称な図形です。

(1) 対称の軸をかき入れましょう。

(2) 辺ABの長さは何 cm ですか。

(3) 角Eの大きさは、何度ですか。

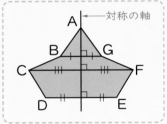

解き方 (1)　対称の軸は、頂点A、Dを通る直線です。

(2) 辺ABに対応する辺は、辺 [①   ] だから、辺ABの長さは [②   ] cm です。

(3) 角Eに対応する角は、角 [①   ] だから、角Eの大きさは [②   ] ° です。

◎ねらい　線対称な図形の性質を使って、線対称な図形をかけるようにしよう。

練習 ② ③ ④ →

🐾 **線対称な図形の性質**
★線対称な図形では、対応する点を結ぶ直線と対称の軸は**垂直**です。
★また、交わる点から対応する点までの長さは**等しく**なっています。

A ← 対称の軸

直線BG、CF、DEはどれも対称の軸に垂直だよ。

2 右の図は線対称な図形で、直線BHの長さは2cmです。

(1) 直線FHの長さは、何 cm ですか。

(2) 点Gに対応する点をかきましょう。

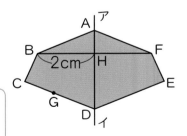

解き方 (1)　直線FHは、直線 [①   ] と同じ長さで、[②   ] cmです。

(2) 点Gから、直線アイに [   ] な直線をひきます。
　この直線が辺DEと交わる点が対応する点です。

3 直線アイが対称の軸になるように、線対称な図形をかきましょう。

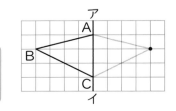

解き方 頂点Bを通り、直線アイに [   ] な直線の上に、点Bに対応する点をかきます。

教科書　20〜22 ページ　　答え　2 ページ

1 右の図は線対称な図形です。

教科書 20 ページ **1**

① 対称の軸をかき入れましょう。

② 頂点Cに対応する頂点はどれですか。

（　　　　　　）

③ 辺ABに対応する辺はどれですか。

（　　　　　　）

④ 角Dに対応する角はどれですか。

（　　　　　　）

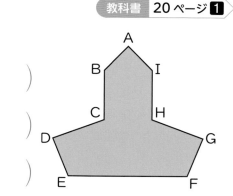

2 右の図は線対称な図形です。

教科書 21 ページ **2**

① 辺BC、直線CEの長さは、それぞれ何 cm ですか。

辺BC（　　　　　）　直線CE（　　　　　）

② 角Gの大きさは、何度ですか。

（　　　　　　）

③ 点Hに対応する点をかきましょう。

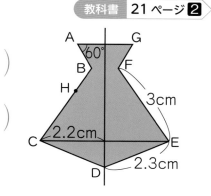

3 直線アイが対称の軸になるように、線対称な図形をかきましょう。

教科書 22 ページ **3**

①　　　　　　　　　②　　　　　　　　　③

4 直線アイが対称の軸になるように、線対称な図形をかきましょう。

教科書 22 ページ **3**

①　　　　　　　　　　　　　②

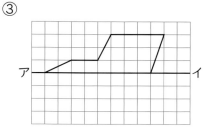

ヒント ❸❹ 線対称な図形を、対称の軸で2つに分けると、一方がもう一方を裏返した形になります。

5

1 対称な図形

③ 点対称な図形

教科書 23〜25 ページ　答え 3 ページ

✏ 次の ◯ にあてはまる数やことば、記号を書きましょう。

◎ねらい 点対称な図形の対応する点、辺、角をいえるようにしよう。　練習 ①→

🐾 対応する点、対応する辺、対応する角

点対称な図形を、対称の中心のまわりに 180° 回したとき、重なり合う点、辺、角を、それぞれ**対応する点、対応する辺、対応する角**といいます。

対応する辺の長さや、対応する角の大きさは、それぞれ等しくなっています。

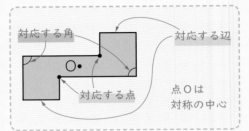

1 右の図は点対称な図形です。

(1) 頂点Aに対応する頂点はどれですか。

(2) 辺CDの長さは何cmですか。

(3) 角Hの大きさは何度ですか。

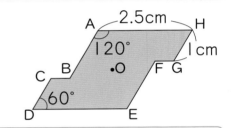

解き方 (1) 頂点Aに対応する頂点は、頂点 ◯ です。

(2) 辺CDに対応する辺は、辺 ① だから、辺CDの長さは ② cm です。

(3) 角Hに対応する角は、角 ① だから、角Hの大きさは ② ° です。

◎ねらい 点対称な図形の性質を使って、点対称な図形をかけるようにしよう。　練習 ②③④→

🐾 点対称な図形の性質

⭐点対称な図形では、対応する点を結ぶ直線は**対称の中心**を通ります。

⭐対称の中心から対応する点までの長さは**等しく**なっています。

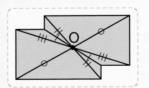

どの直線も点Oを通っているね。

2 平行四辺形は点対称な図形です。

(1) 右の図に対称の中心をかき入れましょう。

(2) 点Eに対応する点をかきましょう。

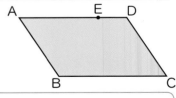

解き方 (1) 対応する頂点Aと ① 、頂点Bと ② を結んで、交わる点が対称の中心です。

(2) 点Eと ◯ を通る直線をひきます。直線が辺BCと交わる点が対応する点です。

3 点Oが対称の中心になるように、点対称な図形をかきましょう。

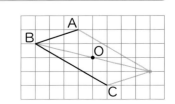

解き方 頂点Bに対応する頂点は、直線 ◯ をのばしたところにあります。

でき①　でき②　でき③　でき④

教科書　23〜25ページ　答え　3ページ

1 右の図は点対称な図形です。 教科書 23ページ **1**

① 頂点Cに対応する頂点はどれですか。

（　　　　）

② 辺ABの長さは何cmですか。

（　　　　）

③ 角Dの大きさは何度ですか。

（　　　　）

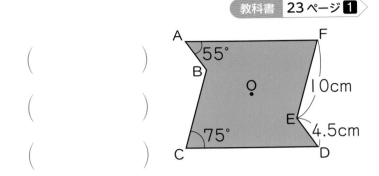

2 下の図は点対称な図形です。対称の中心をかき入れましょう。また、点Aに対応する点をかきましょう。 教科書 24ページ **2**

① 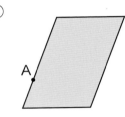 ② 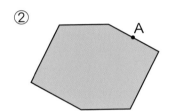 ③ 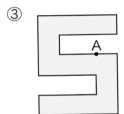 ④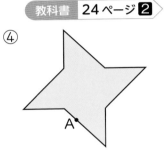

3 下の図は、点Oを対称の中心とする点対称な図形の半分です。点対称な図形を完成させましょう。 教科書 25ページ **3**

① 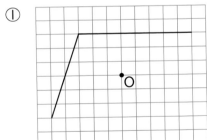 ② 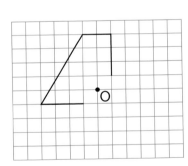 ③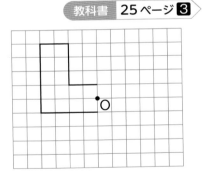

4 点Oが対称の中心になるように、点対称な図形をかきましょう。 教科書 25ページ **3**

① 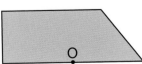 ② 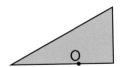 ③

ヒント ② 対応する頂点を結んで、対称の中心をかきます。

① 対称な図形

④ 多角形と対称

教科書 26～27ページ　　答え 4ページ

✏ 次の ◯ にあてはまる数やことばを書きましょう。

◎ねらい いろいろな四角形、三角形について、線対称または点対称がわかるようにしよう。 練習 ①②③→

🐾 四角形、三角形と対称

二等辺三角形　　正三角形　　　平行四辺形　　　ひし形　　　長方形　　　正方形

線対称な図形　　　　　　　点対称な図形　　　　線対称でもあり、点対称でもある図形

1 平行四辺形、ひし形、長方形、正方形、二等辺三角形、正三角形について答えましょう。

(1) 線対称な図形はどれですか。

(2) 点対称な図形はどれですか。

解き方 (1) 線対称な図形は、ひし形、◯①　　　、◯②　　　、◯③　　　、
◯④　　　です。

(2) 点対称な図形は、◯①　　　、◯②　　　、◯③　　　、正方形です。

◎ねらい 正多角形について、線対称または点対称がわかるようにしよう。 練習 ④→

🐾 正多角形と対称

★正多角形はどれも線対称な図形で、対称の軸の本数は、頂点の数と同じです。

★頂点の数が偶数の正多角形(正方形、正六角形、正八角形、…)は、点対称な図形です。

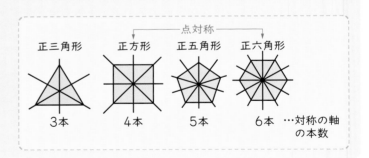

点対称

正三角形　　正方形　　正五角形　　正六角形

3本　　　　4本　　　　5本　　　　6本 …対称の軸の本数

2 正三角形、正方形、正五角形、正六角形について答えましょう。

(1) どれも線対称な図形です。対称の軸の本数を答えましょう。

(2) 点対称な図形はどれですか。

解き方 (1) 対称の軸の本数は、正三角形が◯①　　　本、正方形が◯②　　　本、正五角形が
◯③　　　本、正六角形が◯④　　　本です。

(2) 頂点の数が◯①　　　の正多角形が点対称な図形だから、正方形と◯②　　　です。

教科書　26〜27 ページ　　答え　4 ページ

① 線対称な四角形を選んで、（　）の中に〇を書き、対称の軸をかき入れましょう。

教科書　26 ページ ①

平行四辺形　　　　　ひし形　　　　　　長方形　　　　　　正方形

　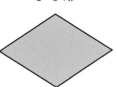　　

（　　　　）（　　　　）（　　　　）（　　　　）

② 点対称な四角形を選んで、（　）の中に〇を書き、対称の中心をかき入れましょう。

教科書　26 ページ ①

台形　　　　　　平行四辺形　　　　　ひし形　　　　　　正方形

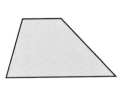　　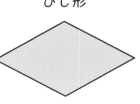　

（　　　　）（　　　　）（　　　　）（　　　　）

③ 線対称な三角形を選んで、（　）の中に〇を書き、対称の軸をかき入れましょう。

教科書　26 ページ ①

直角三角形　　　　　二等辺三角形　　　　　正三角形

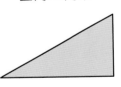　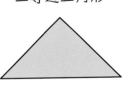　

（　　　　）（　　　　）（　　　　）

④ **下の正多角形について答えましょう。**

教科書　27 ページ ②

正五角形　　　　　正六角形　　　　　正七角形　　　　　正八角形

① 線対称な図形の名前を書きましょう。また、対称の軸をかき入れましょう。

（　　　　　　　　　　　　　　　　　　　　　　　　　　）

② 点対称な図形の名前を書きましょう。

（　　　　　　　　　　　　　　　　　　　　　　　　　　）

 ヒント　④ 正多角形の対称の軸は、頂点の数だけあります。

① 対称な図形

📖 教科書 16～29 ページ ✏ 答え 4 ページ

知識・技能　　　　　　　　　　　　　　　　　　　　　　　/90点

1 よく出る 下の図が線対称な図形なら○を、点対称な図形なら△を（　）に書きましょう。

各4点(16点)

①

②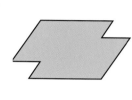

③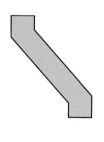

④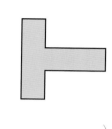

（　　　　） 　（　　　　） 　（　　　　） 　（　　　　）

2 よく出る 右の図は線対称な図形です。

各4点(16点)

① 対称の軸はどの直線ですか。

（　　　　　　　）

② 頂点Cに対応する頂点はどれですか。

（　　　　　　　）

③ 直線DKの長さは2cm です。直線DFの長さは何 cm ですか。

（　　　　　　　）

④ 角Bの大きさは 130° です。角Hの大きさは何度ですか。

（　　　　　　　）

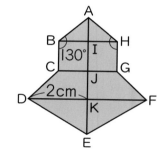

3 よく出る 右の図は点対称な図形です。

各4点(12点)

① 対称の中心をかき入れましょう。

② 頂点Bに対応する頂点はどれですか。

（　　　　　　　）

③ 辺CDに対応する辺はどれですか。

（　　　　　　　）

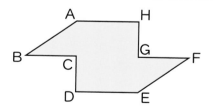

4 　□にあてはまる数や記号を書きましょう。

各4点(20点)

	正三角形	正方形	正五角形	正六角形
線対称かどうか	○	○	○	☐
対称の軸の数(本)	☐	4	5	☐
点対称かどうか	☐	☐	×	○

線対称や点対称
だったら○を、
そうでなければ
×を書こう。

5 ①は、直線アイが対称の軸になるように、線対称な図形をかきましょう。②は、点〇が対称の中心になるように、点対称な図形をかきましょう。
各5点（10点）

①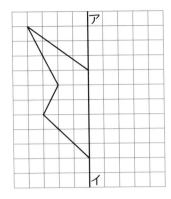

②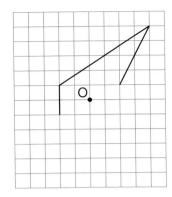

6 よく出る ①は、直線アイが対称の軸になるように線対称な図形を、②は、点〇が対称の中心になるように点対称な図形をかきましょう。また、点A、点Bに対応する点をかきましょう。
各4点（16点）

①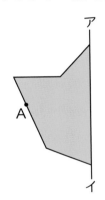

②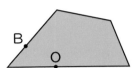

思考・判断・表現　　／10点

できたらスゴイ！

7 右の台形は、辺ADと辺BCが平行で、辺DCは辺AD、BCと垂直に交わっています。また、点E、Fは、それぞれ辺AB、DCの真ん中の点です。この台形を使って、下の2つの図形をかきました。それぞれどのようにかきましたか。あ～えから選んで記号で答えましょう。
各5点（10点）

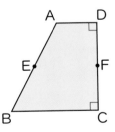

- あ　辺ABが対称の軸になるように、線対称な図形をかいた。
- い　辺BCが対称の軸になるように、線対称な図形をかいた。
- う　点Eが対称の中心になるように、点対称な図形をかいた。
- え　点Fが対称の中心になるように、点対称な図形をかいた。

①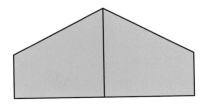

②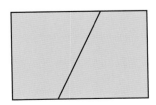

（　　　　　）　　（　　　　　）

ふりかえり　1 がわからないときは、2ページの 1 2 にもどって確認してみよう。

3分でまとめ

2 分数と整数のかけ算・わり算

① **分数×整数**

教科書 32〜35ページ　答え 5ページ

✏ 次の□にあてはまる数を書きましょう。

◎ねらい 分数×整数の計算ができるようにしよう。　　　練習 ①③→

🐾 分数に整数をかける計算

分数に整数をかける計算では、分母はそのままで、分子にその整数をかけます。

$$\frac{\triangle}{\bigcirc} \times \square = \frac{\triangle \times \square}{\bigcirc}$$

1 計算をしましょう。

(1) $\frac{2}{9} \times 4$

(2) $\frac{3}{13} \times 2$

解き方 (1) $\frac{2}{9}$ —— $\frac{1}{9}$ が ① □ 個、$\frac{2}{9} \times 4$ —— $\frac{1}{9}$ が、$2 \times$ ② □ → ③ □ 個

だから、$\frac{2}{9} \times 4 =$ ④ □

整数は分子にかけるんだったね。
分母はそのままだったね。

(2) $\frac{3}{13} \times 2 = \frac{3 \times \boxed{①}}{13} =$ ② □

◎ねらい 分数×整数を約分して計算できるようにしよう。　　練習 ②④→

🐾 分数×整数の計算

分数×整数の計算では、とちゅうで約分すると計算が簡単になります。

[例]
$$\frac{1}{16} \times 8 = \frac{1 \times \overset{1}{8}}{\underset{2}{16}} = \frac{1}{2}$$
└ ここで、約分

2 計算をしましょう。

(1) $\frac{2}{9} \times 3$

(2) $\frac{9}{4} \times 6$

(3) $1\frac{2}{3} \times 9$

解き方

(1) $\frac{2}{9} \times 3 = \frac{2 \times 3}{9} =$ ③ □

① □
② □

(2) $\frac{9}{4} \times 6 = \frac{9 \times 6}{4} =$ ③ □

① □
② □

(3) $1\frac{2}{3} \times 9 = \frac{\boxed{①}}{3} \times 9 = \frac{5 \times 9}{3} =$ ④ □

② □
③ □

約分できるときは、先に約分しよう！

ぴったり2
練習

★ できた問題には、「た」を書こう！★
でき 1　でき 2　でき 3　でき 4

学習日
月　　　日

教科書　32〜35 ページ　　答え　5 ページ

教科書　33 ページ 1

1 計算をしましょう。

① $\dfrac{1}{4} \times 3$ 　　　② $\dfrac{2}{5} \times 2$ 　　　③ $\dfrac{2}{7} \times 3$

④ $\dfrac{5}{8} \times 7$ 　　　⑤ $\dfrac{2}{15} \times 7$ 　　　⑥ $\dfrac{3}{11} \times 5$

！まちがい注意

教科書　35 ページ 2

2 計算をしましょう。

① $\dfrac{5}{6} \times 4$ 　　　② $\dfrac{3}{8} \times 12$ 　　　③ $\dfrac{4}{9} \times 6$

④ $\dfrac{7}{12} \times 9$ 　　　⑤ $\dfrac{7}{10} \times 2$ 　　　⑥ $1\dfrac{7}{8} \times 6$

⑦ $\dfrac{5}{3} \times 6$ 　　　⑧ $\dfrac{3}{4} \times 8$ 　　　⑨ $1\dfrac{4}{5} \times 15$

3 パンケーキを1個作るのに牛乳を $\dfrac{2}{7}$ dL 使います。5個作るには何 dL 必要ですか。

教科書　33 ページ 1

式

答え（　　　　　　　　　　）

4 1dL で $\dfrac{9}{8}$ m² の板をぬることができるペンキがあります。このペンキ 12 dL では何 m²

教科書　35 ページ 2

の板をぬることができますか。

式

答え（　　　　　　　　　　）

ヒント **2** 整数は分子にかけます。とちゅうで約分できるときは、約分しましょう。

ぴったり1

準備

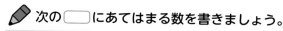

2 分数と整数のかけ算・わり算

② 分数÷整数

学習日　　月　　日

教科書 36～42 ページ　　答え 6 ページ

✏ 次の ☐ にあてはまる数を書きましょう。

◎ねらい 分数÷整数の計算ができるようにしよう。　　練習 ❶❸→

🐾 分数を整数でわる計算

分子はそのままで、分母にその整数をかけて計算します。

$$\frac{\triangle}{\bigcirc} \div \square = \frac{\triangle}{\bigcirc \times \square}$$

1 計算をしましょう。

(1) $\frac{6}{7} \div 2$　　　　　　　　　　　(2) $\frac{6}{7} \div 5$

解き方 (1) 分子の6が整数2でわりきれます。

$\frac{6}{7} \div 2$ ── $\frac{1}{7}$ が、$6 \div$ ① ☐ → ② ☐ 個

だから、$\frac{6}{7} \div 2 = \frac{6 \div ③☐}{7} = $ ④ ☐

分子はそのままで、
整数は分母にかけるんだね。

$$\frac{\triangle}{\bigcirc} \div \square = \frac{\triangle}{\bigcirc \times \square}$$

(2) $\frac{6}{7} \div 5 = \frac{6}{7 \times ①☐} = $ ②☐

◎ねらい 分数÷整数を約分して計算できるようにしよう。　　練習 ❷❹→

🐾 分数÷整数の計算

分数×整数の計算と同じように、とちゅうで約分すると計算が簡単になります。

〔例〕
$$\frac{2}{3} \div 10 = \frac{\overset{1}{2}}{3 \times \underset{5}{10}} = \frac{1}{15}$$

→ここで、約分

2 計算をしましょう。

(1) $\frac{3}{4} \div 12$　　　　(2) $\frac{9}{4} \div 6$　　　　(3) $2\frac{4}{5} \div 7$

解き方

(1) $\frac{3}{4} \div 12 = \frac{3}{4 \times 12} = $ ③☐　　　①☐　　②☐

(2) $\frac{9}{4} \div 6 = \frac{9}{4 \times 6} = $ ③☐　　　①☐　　②☐

(3) $2\frac{4}{5} \div 7 = \frac{①☐}{5} \div 7 = \frac{14}{5 \times 7} = $ ④☐　　　②☐　　③☐

約分できるときは、
とちゅうで約分しておこう。

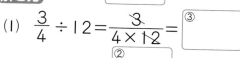

14

ぴったり 2
練習

★ できた問題には、「た」を書こう！ ★
でき 1　でき 2　でき 3　でき 4

教科書　36〜42 ページ　　答え　6 ページ

教科書　37 ページ ❷

1 計算をしましょう。

① $\dfrac{4}{7} \div 3$

② $\dfrac{3}{5} \div 4$

③ $\dfrac{5}{8} \div 7$

④ $\dfrac{5}{6} \div 2$

⑤ $\dfrac{7}{10} \div 5$

⑥ $\dfrac{6}{11} \div 7$

まちがい注意

教科書　42 ページ ❸

2 計算をしましょう。

① $\dfrac{2}{3} \div 4$

② $\dfrac{4}{7} \div 8$

③ $\dfrac{3}{8} \div 9$

④ $\dfrac{9}{10} \div 6$

⑤ $\dfrac{10}{13} \div 4$

⑥ $1\dfrac{2}{3} \div 10$

⑦ $\dfrac{9}{8} \div 6$

⑧ $2\dfrac{2}{5} \div 8$

⑨ $\dfrac{15}{13} \div 5$

3 プールに水を入れます。8時間で全体の $\dfrac{3}{7}$ 入ります。1時間では全体のどれだけ入りますか。

教科書　37 ページ ❷

式

答え（　　　　　　）

まちがい注意

4 $\dfrac{3}{5}$ kgの砂糖を6つのカップに等分して入れました。カップ1つの砂糖の重さは何kgですか。

教科書　42 ページ ❸

式

答え（　　　　　　）

ヒント ❷ 整数は分母にかけます。とちゅうで約分できるときは、約分しましょう。

② 分数と整数の
かけ算・わり算

時間 30 分
／100
合格 80 点

教科書 32〜44 ページ　答え 6 ページ

知識・技能　　　　　　　　　　　　　　　　　　　　／60点

1 次の㋐〜㋑の計算で、正しいものを選び、記号で答えましょう。　　　(4点)

㋐ $\dfrac{5}{8} \times 3 = \dfrac{5 \times 3}{8 \times 3} = \dfrac{15}{24}$

㋑ $\dfrac{5}{6} \times 2 = \dfrac{5}{6 \times 2} = \dfrac{5}{12}$

㋒ $\dfrac{6}{9} \div 3 = \dfrac{6 \div 3}{9 \div 3} = \dfrac{2}{3}$

㋑ $\dfrac{4}{7} \div 5 = \dfrac{4}{7 \times 5} = \dfrac{4}{35}$

(　　　　　)

2 よく出る 計算をしましょう。　　　　　　　　　　　各4点（28点）

① $\dfrac{3}{7} \times 2$

② $\dfrac{2}{9} \times 4$

③ $\dfrac{3}{4} \times 2$

④ $\dfrac{5}{6} \times 8$

⑤ $\dfrac{7}{9} \times 12$

⑥ $1\dfrac{3}{4} \times 8$

⑦ $\dfrac{5}{8} \times 24$

3 よく出る 計算をしましょう。　　　　　　　　　　　各4点（28点）

① $\dfrac{2}{3} \div 3$

② $\dfrac{3}{5} \div 4$

③ $\dfrac{2}{5} \div 6$

④ $\dfrac{9}{14} \div 6$

⑤ $\dfrac{10}{11} \div 25$

⑥ $\dfrac{8}{7} \div 4$

⑦ $1\dfrac{1}{9} \div 8$

思考・判断・表現　　　　　　　　　　　　　　　　　　　　　　　　　　　／40点

4 よく出る $\dfrac{7}{9}$ L の油を 4 等分して使います。1 回分は何 L になりますか。

式・答え　各5点(10点)

式

答え（　　　　　　　　）

5 1 日に $\dfrac{3}{5}$ 分進む時計があります。この時計は、10 日間では何分進みますか。

式・答え　各5点(10点)

式

答え（　　　　　　　　）

6 こうきさんは、毎日同じ量の牛乳を飲みます。今週は1週間で $\dfrac{7}{9}$ L 飲みました。
1 日何 L 飲みましたか。

式・答え　各5点(10点)

式

答え（　　　　　　　　）

でき*たらスゴイ!*

7 縦 $\dfrac{15}{8}$ m、横 12 m の長方形と面積が同じで、縦□m、横 5 m の長方形の土地があります。
縦の長さ□m は、どんな式で求められますか。
また、□にあてはまる数も求めましょう。

式・答え　各5点(10点)

式

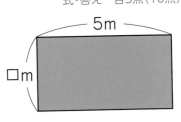

答え（　　　　　　　　）

ふりかえり **2** がわからないときは、12 ページの **1** **2** にもどって確認してみよう。

付録の「計算せんもんドリル」 **1**〜**4** もやってみよう!

準備

3分でまとめ

③ 円の面積

① 円の面積

教科書　45〜52 ページ　　答え　7 ページ

✏ 次の◯にあてはまる数やことばを書きましょう。

◎ねらい　円の面積を求められるようにしよう。　　練習 ①〜④→

🐾 円の面積を求める公式
　　円の面積＝半径×半径×円周率

1 次の円の面積を求めましょう。

(1) 3cm

(2) 12cm

直径をかけないでね。

解き方 (1)　円の面積を求める公式は、

円の面積＝ ①◯ × ②◯ ×円周率

だから、円周率に 3.14 を使うと、

3× ③◯ ×3.14＝ ④◯

答え　28.26 cm²

(2)　直径が 12 cm だから、半径はその半分なので、12÷ ①◯ ＝6（cm）となります。

円の面積の公式にあてはめると、

②◯ × ③◯ ×3.14

＝ ④◯　　答え　113.04 cm²

2 色のついた部分の面積を求めましょう。四角形ＡＢＣＤは正方形です。

(1) 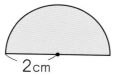 2cm

(2)

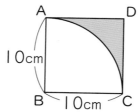
A　　　D
10cm
B　10cm　C

円の 1/4 だね。

解き方 (1)　半径 2 cm の円の半分だから、

2×2×3.14÷ ①◯ ＝ ②◯

答え　6.28 cm²

円周＝直径×円周率
円の面積＝半径×半径×円周率
この 2 つの公式をしっかり
おぼえて、まちがえないよう
にしよう。

(2)　1 辺の長さが 10 cm の正方形の面積から、半径 10 cm の円の ①◯ 分の一の面積をひけば求められます。

正方形の面積は、

10×10＝ ②◯

円の 1/4 の面積は、

10×10× ③◯ ÷ ④◯

＝ ⑤◯

100−78.5＝ ⑥◯

答え　21.5 cm²

ぴったり2
練習

★ できた問題には、「た」を書こう！ ★
でき ① でき ② でき ③ でき ④

学習日　　月　　日

教科書　45〜52 ページ　答え　7 ページ

1 右の図のように、直径 10 cm の円を細かく等分して並べかえました。どんどん細かくしていくと、並べかえた図は長方形に近づきます。

教科書 49 ページ **2**

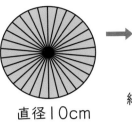
直径10cm

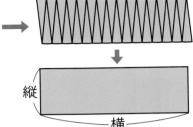
縦
横

① 長方形の縦の長さは何 cm とみられますか。
（　　　　　　）

② 長方形の横の長さは何 cm とみられますか。
（　　　　　　）

10×3.14÷2は5×3.14 と同じだよ。
だから、面積は5×5×3.14 となるね。

2 次の円の面積を求めましょう。
教科書 49 ページ **2**

① 半径 7 cm の円
式

② 直径 16 cm の円
式

答え（　　　　　　）
答え（　　　　　　）

3 次の図で、色のついた部分の面積を求めましょう。
教科書 51 ページ **3**

①
20cm

②

4cm

③
8cm　8cm

式
式
式

答え（　　　　　）　答え（　　　　　）　答え（　　　　　）

4 次の図で、色のついた部分の面積を求めましょう。
教科書 51 ページ **3**

式

6cm
6cm

（　　　　　　）

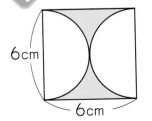 **3** ③ 小さい円の直径は 8cm だから、大きい円の半径が 8cm です。

ぴったり ❸
確かめのテスト
❸ 円の面積

時間 **30** 分

／100

合格 **80** 点

教科書 45〜54 ページ　答え 8 ページ

知識・技能　　／42点

1　下の図のように、円を細かく等分して並べかえて、円の面積の求め方を考えました。⑤〜⑧にあてはまることばを書きましょう。
各2点（10点）

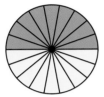
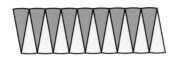
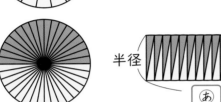

半径
⑤ の半分

並べかえた図の形は ⑪ に近づきます。
このことから円の面積を考えると、

円の面積＝ ⑤ × 円周の半分

＝半径× ⑫ ×円周率 ÷2

＝半径× ⑬ ×円周率

⑤（　　　　）　⑪（　　　　）　⑤（　　　　）　⑫（　　　　）　⑬（　　　　）

2　**よく出る** 次の図形の面積を求めましょう。
式・答え　各4点（32点）

①

5cm

式

答え（　　　　　　）

②
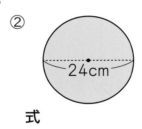
24cm

式

答え（　　　　　　）

③
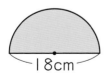
18cm

式

答え（　　　　　　）

④
8cm

式

答え（　　　　　　）

思考・判断・表現 　　　　　　　　　　　　　　　　　　　　　　／58点

3 よく出る 次の図で、色のついた部分の面積を求めましょう。　　式・答え　各5点(40点)

①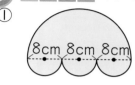
8cm 8cm 8cm

式

② 30cm

10cm

式

答え（　　　　　　）

③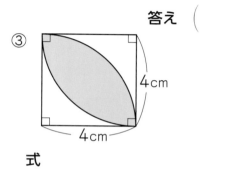
4cm
4cm

式

④ 6cm
12cm

式

答え（　　　　　　）　　　　　　　　　　　　　答え（　　　　　　）

4 まわりの長さが314mの円の形をした池があります。この池の面積は約何 m² ですか。
　　　　　　　　　　　　　　　　　　　　　　式・答え　各4点(8点)

式

答え（　　　　　　）

できたらスゴイ!

5 下の図は、8mのひもでつながれている牛と、牛がこえることのできないさくを上から見たものです。牛が動けるところの面積を求めましょう。　　式・答え　各5点(10点)

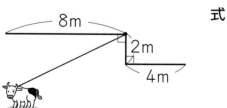
8m
2m
4m

式

（　　　　　　）

ふりかえり ❷がわからないときは、18ページの **1** **2** にもどって確認してみよう。

ぴったり1 準備

3分でまとめ

4 文字を使った式

① 文字 x を使った式

教科書　57〜59 ページ　答え　9 ページ

✏ 次の　　にあてはまる数や文字を書きましょう。

🎯ねらい　数量を、文字 x（エックス）を使った式で表そう。

練習 ①② →

🐾 **文字 x を使った式**

数量の関係を式に表すとき、□の代わりに文字 x を使うことがあります。

〔例〕　1個□円のみかん 6 個の代金は 480 円です。

　　　このことを式に表すと、

　　　　　$□×6＝480$

　　　□の代わりに文字 x を使って表すと、

　　　　　$x×6＝480$

1 高さが 5 cm で、面積が 45 cm² の平行四辺形があります。

(1)　底辺の長さを x cm として、面積が 45 cm² であることを式に
　　表しましょう。

(2)　x にあてはまる数を求めましょう。

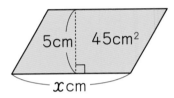

5cm　45cm²

x cm

解き方

(1)　底辺×高さ＝面積　の公式に文字と数をあてはめて、

　　　①　　　×5＝②

(2)　$x×5＝45$

　　　$x＝$ ① ÷5

　　　　＝②

x にあてはまる数の
求め方は、□のとき
と同じだね。

2 x m のリボンを 4 等分したら、1 つ分は 18 m になりました。

(1)　x を使った式で表しましょう。

(2)　x にあてはまる数を求めましょう。

解き方

(1)　リボンの長さ÷本数 ＝ 1 つ分の長さ

　　　①　　　÷4＝②

(2)　$x÷4＝18$

　　　$x＝18×$ ①

　　　　＝②

わからない数を x で表すと、
問題のとおりに式に表して、
答えを求められるね。

学習日　　　月　　　日

教科書　57〜59ページ　　　答え　9ページ

1 x にあてはまる数を求めましょう。　　　教科書 58ページ **1**

① $x \times 9 = 216$　　② $16 \times x = 512$　　③ $x + 75 = 103$

（　　　　　）　　（　　　　　）　　（　　　　　）

④ $x - 195 = 123$　　⑤ $x \div 6 = 30$

（　　　　　）　　（　　　　　）

2 次の事がらを、それぞれ x を使った式で表して、x にあてはまる数を求めましょう。

教科書 58ページ **1**

① 1本 x 円のえん筆6本の代金は 540 円です。

式

答え（　　　　　）

② x ページある本を 172 ページ読んだので、残りは 28 ページになりました。

式

答え（　　　　　）

③ x mL のジュースを3人で同じ量ずつ分けたら、1人分は 320 mL になりました。

式

答え（　　　　　）

④ x gの小麦粉を 60 gの皿にのせて重さをはかったら、210 gでした。

式

答え（　　　　　）

⑤ 赤のテープの長さは x m です。白のテープの長さは 10 m で、赤のテープの長さの4倍です。

式

答え（　　　　　）

● ヒント　**1** ① かけ算の式のときは、わり算を使って x にあてはまる数を求めます。

4 文字を使った式

② 2つの文字 x、y を使った式

教科書 60〜62ページ 答え 9ページ

✎ 次の ___ にあてはまる数や文字を書きましょう。

◎ねらい ○、△の代わりに、文字 x、y を使えるようにしよう。

練習 ①〜④→

🐾 ともなって変わる2つの量の関係の表し方

ともなって変わる2つの量を○、△としないで、代わりに、
文字 x、y を使うことがあります。
〔例〕 1個20円のガムを x 個買うときの代金を y 円として式に表すと、
20×x＝y

1 下のように正方形の1辺の長さを1cm、2cm、3cm、……と変えていきます。このときの正方形の1辺の長さとまわりの長さの関係を調べましょう。

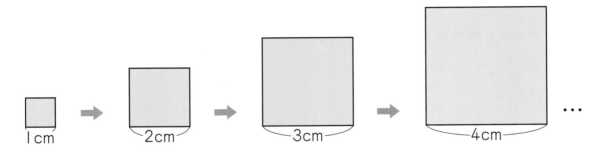

1cm → 2cm → 3cm → 4cm ...

(1) 正方形の1辺の長さを x cm、まわりの長さを y cm として、1辺の長さとまわりの長さの関係を式に表しましょう。

(2) x の値が5のときの y の値を求めましょう。

(3) y の値が36のときの x の値を求めましょう。

解き方 (1) （1辺の長さ）×4＝（まわりの長さ）だから、①_____ ×4＝② _____

(2) x×4＝y の x に5をあてはめて、①_____ ×4＝② _____ y＝③ _____

(3) x×4＝y の y に36をあてはめて、x×4＝① _____

x＝36÷② _____ x＝③ _____

2 右の図を見て、x＋200＝y の式になる場面をつくりましょう。

パン x 円 牛乳 200円

解き方 x はパン1個の値段を表しています。

答え （例）① _____ 円のパンと200円の牛乳を買います。代金は② _____ 円です。

教科書　60〜62ページ　答え　10ページ

教科書 60ページ 1

1 次の式で、x の値が5のときの y の値を求めましょう。

① $x \times 2 = y$　　　　② $28 + x = y$

(　　　　　)　　　　(　　　　　)

x に5をあてはめて計算しよう。

③ $100 - x = y$　　　　④ $40 \div x = y$

(　　　　　)　　　　(　　　　　)

教科書 60ページ 1

2 次の式で、y の値が12のときの x の値を求めましょう。

① $4 \times x = y$　　　　　　　　② $x + 9 = y$

(　　　　　)　　　　　　(　　　　　)

教科書 60ページ 1

3 180gのかんづめが x 個あります。全部の重さを y gとします。

① 全部の重さ y gは、どのような式で表すことができますか。

(　　　　　)

② x の値が3のときの y の値を求めましょう。

(　　　　　)

③ y の値が1080のときの x の値を求めましょう。

(　　　　　)

4 次の①、②の式で表される場面を、下のあ〜えの中から選んで記号で答えましょう。

教科書 62ページ 2

① $x \times 20 = y$　　　　② $x - 20 = y$

(　　　　　)　　　　(　　　　　)

　あ　x 人で遊んでいたら、20人来て、合わせて y 人になりました。
　い　1個 x 円のあめを20個買ったときの代金は y 円です。
　う　x 本の花を20本ずつ束にすると、全部で y 束できました。
　え　x cmのリボンを20cm使いました。残りは y cmです。

ヒント　② y に12をあてはめて計算します。

知識・技能
/70点

1 3m あるリボンを切り取って使います。
各5点、①は完答(15点)

① 切り取る長さを x m として、残りの長さを x を使った式で表します。□にあてはまる数や文字を書きましょう。

□ − □ (m)

② 切り取る長さが2m のとき、残りの長さを求めましょう。

(　　　　　)

③ 切り取る長さが0.6m のとき、残りの長さを求めましょう。

(　　　　　)

2 よく出る 下のように正六角形の1辺の長さを1cm、2cm、3cm、……と変えていきます。
各5点(15点)

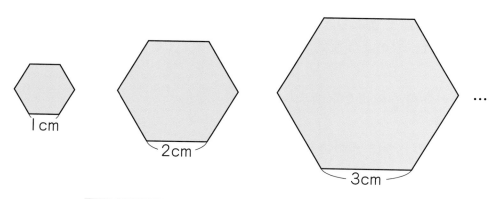

1cm
2cm
3cm
…

1辺の長さ(cm)	1	2	3
まわりの長さ(cm)	6	12	18

① 正六角形の1辺の長さを x cm、まわりの長さを y cm として、1辺の長さとまわりの長さの関係を式に表しましょう。

□ = y

② x の値(あたい)が5のときの y の値を求めましょう。

(　　　　　)

③ y の値が84のときの x の値を求めましょう。

(　　　　　)

3 よく出る　x にあてはまる数を求めましょう。　　　各5点(30点)

①　$7 \times x = 98$　　　②　$x \times 9 = 135$　　　③　$x + 36 = 43$

　　　(　　　　　)　　　　(　　　　　)　　　　(　　　　　)

④　$83 - x = 59$　　　⑤　$x - 45 = 16$　　　⑥　$x \div 12 = 108$

　　　(　　　　　)　　　　(　　　　　)　　　　(　　　　　)

4 ある数 x に6をかけて、15をひいたら、答えは57になりました。　　　各5点(10点)

①　x を使った式で表しましょう。

　　　　　　　　　　　　　　　　　　　　　　　　　　(　　　　　　　　　)

②　ある数を求めましょう。

　　　　　　　　　　　　　　　　　　　　　　　　　　(　　　　　　　　　)

思考・判断・表現　　　　　　　　　　　　　　　　　　　　　　／30点

5 よく出る　高さ18cm、面積432cm² の平行四辺形の底辺は何cmですか。底辺の長さを x cm として、x を使った式に表し、答えを求めましょう。　　　式·答え　各5点(10点)

式

　　　　　　　　　　　　　　　　　　　　答え　(　　　　　　　　　)

6 よく出る　同じ値段のりんごを5個と、480円のぶどうを買ったら、代金は1230円でした。りんごは1個何円ですか。りんご1個の値段を x 円として、x を使った式に表し、答えを求めましょう。　　　式·答え　各5点(10点)

式

　　　　　　　　　　　　　　　　　　　　答え　(　　　　　　　　　)

7 右の図を見て、次の式になるような場面をつくりましょう。　　　各5点(10点)

 ノート　1冊 x 円

 消しゴム　1個100円

①　$x \times 5 = y$　(　　　　　　　　　　　　　　　)

②　$x \times 2 + 100 = y$　(　　　　　　　　　　　　　　　)

ふりかえり　**1** がわからないときは、22ページの **1** にもどって確認してみよう。

3分でまとめ

⑤ データの活用

① **データの特ちょうを表す値とグラフ**

| 教科書 | 66〜73 ページ | 答え | 11 ページ |

✏️ 次の ◯ にあてはまる数や記号を書きましょう。

🎯 **ねらい** データの比べ方を理解しよう。　　　練習 ①→

🐾 **平均値**

データを比べるときには、それぞれのデータの平均を使うことがあります。
平均の値（あたい）のことを**平均値（へいきんち）**ともいいます。

1 次の表は、A、B 2つのプランターからとれたいちごの重さを調べたものです。どちらの
プランターのいちごがよくとれたといえるか、重さの平均値を求めて比べましょう。

いちごの重さ

Aのプランター（g）	13	14	18	16	13	16	12	15	14	16
Bのプランター（g）	14	16	17	10	12	20	17	12	17	

解き方 Aのプランター　147÷10＝◯①

Bのプランター　135÷9＝◯②

答え　◯③　のプランター

🎯 **ねらい** ちらばりの特ちょうがわかる値やグラフを知ろう。　　練習 ②→

🐾 **ドットプロット、最頻値（さいひんち）、中央値（ちゅうおうち）、代表値（だいひょうち）**

⭐ドットプロット…数直線の値に対応した
　　データの数だけ ● を積み上げたグラフ。
⭐最頻値…データの中で最も多く出てくる値。
⭐中央値…データを大きさの順に並（なら）べたとき、
　　真ん中にある値。個数が偶数（ぐうすう）のときは、
　　真ん中の2つの値の平均を中央値とします。
⭐代表値…平均値や最頻値、中央値のよう
　　に、データの全体の特ちょうを表す値。

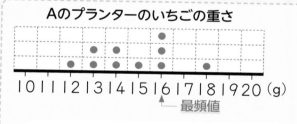

Aのプランターのいちごの重さ

10 11 12 13 14 15 16 17 18 19 20 (g)
↑最頻値

12、13、13、14、⑭、⑮、16、16、16、18
14と15の平均→中央値14.5

2 1のBのプランターのデータをドットプロット
に表しました。最頻値と中央値を求めましょう。

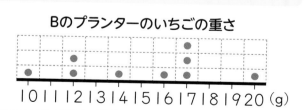

Bのプランターのいちごの重さ

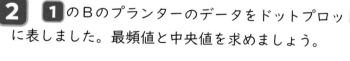

10 11 12 13 14 15 16 17 18 19 20 (g)

解き方 最頻値は、最も多く出てくる値なので◯① gです。
中央値は、データの数が奇数（きすう）なので、10、12、12、14、⑯、17、17、17、20の真ん
中の値の◯② gです。

教科書 66〜73 ページ ▷ 答え 11 ページ

1 右の表は、1班と2班の人が1か月に読んだ本の冊数を調べたものです。どちらの班のほうが本を多く読んだといえるか、平均値を求めて比べましょう。

教科書 67 ページ 1

1か月に読んだ本の冊数

1班		2班	
番号	冊数（冊）	番号	冊数（冊）
①	7	①	3
②	3	②	8
③	4	③	4
④	6	④	10
⑤	9	⑤	3
		⑥	5

（　　　　　　　）

2 次の表は、ゆうかさんのクラスの女子のあく力を調べたものです。

教科書 70 ページ 3、72 ページ 4

あく力調べ

番号	あく力（kg）	番号	あく力（kg）	番号	あく力（kg）	番号	あく力（kg）
①	20	⑤	15	⑨	22	⑬	18
②	16	⑥	26	⑩	19	⑭	20
③	14	⑦	20	⑪	15	⑮	23
④	18	⑧	17	⑫	16	⑯	25

① データをドットプロットに表しましょう。

あく力調べ

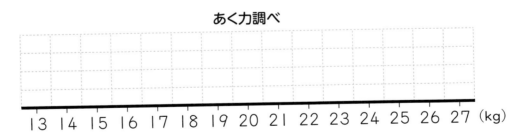

13 14 15 16 17 18 19 20 21 22 23 24 25 26 27 （kg）

② 一番大きい値と一番小さい値を求めましょう。

一番大きい値（　　　　　　　）　一番小さい値（　　　　　　　）

③ 平均値、最頻値、中央値を求めましょう。

平均値（　　　　　　）　最頻値（　　　　　　）　中央値（　　　　　　）

④ ゆうかさんのあく力は 20kg でした。中央値をもとにしたとき、ゆうかさんのあく力は高いほうといえますか。

（　　　　　　　　　　　）

😀 ヒント 　**2** ③ データの個数は偶数です。中央値は真ん中の2つの値の平均を求めます。

教科書 76〜78ページ　答え 11ページ

✏ 次の ▢ にあてはまる数を書きましょう。

🎯 ねらい　データを度数分布表に整理できるようにしよう。

練習 ❶ ❷ →

🐾 **度数分布表**

右の表のように、階級ごとに度数を整理した表を**度数分布表**といいます。

⭐**階級**…整理した1つ1つの区間。

⭐**度数**…それぞれの階級に入るデータの個数。

度数分布表に整理すると、データの特ちょうが調べやすくなるよ。

50m 走の記録

タイム（秒）	人数（人）
6以上〜7未満	1
7　〜8	3
8　〜9	8
9　〜10	6
10　〜11	4
11　〜12	2
合計	24

階級 →　← 度数

1 右の表は、6年1組の片道の通学時間を調べたものです。

(1) データを度数分布表に表しましょう。

(2) 度数が最も多い階級は、何分以上何分未満ですか。

片道の通学時間

番号	時間（分）	番号	時間（分）	番号	時間（分）
❶	11	❼	13	⓭	20
❷	22	❽	16	⓮	14
❸	3	❾	6	⓯	26
❹	12	❿	19	⓰	4
❺	9	⓫	12	⓱	18
❻	7	⓬	5	⓲	10

解き方 (1) 番号の❶から順に、あてはまる階級に「正」の字をかいて、人数を調べます。

片道の通学時間

時間（分）		人数（人）
0以上〜5未満	丅	2
5　〜10	帀	4
10　〜15	正一	6
15　〜20	下	3
20　〜25	丅	①
25　〜30	一	②
合計		18

5分ちょうどの人は、5分以上10分未満に入るね。

(2) 度数が最も多いのは6なので、①▢分以上②▢分未満の階級です。

ぴったり 2 練習

★ できた問題には、「た」を書こう！ ★

でき① でき②

教科書 76〜78 ページ　答え 11 ページ

1 左の表は、こうきさんのクラスの男子のソフトボール投げの記録です。これを右の度数分布表に整理します。

教科書 76 ページ ❶

ソフトボール投げの記録

番号	きょり(m)	番号	きょり(m)
❶	26	⓫	34
❷	32	⓬	26
❸	35	⓭	39
❹	23	⓮	37
❺	20	⓯	19
❻	43	⓰	30
❼	36	⓱	29
❽	28	⓲	33
❾	31	⓳	32
❿	29	⓴	41

ソフトボール投げの記録

きょり(m)	人数(人)	
15 以上〜20 未満	一	1
20　　〜25	T	2
25　　〜30		
30　　〜35		
35　　〜40		
40　　〜45		
合計		

① 右の度数分布表では、きょりを何 m ごとに区切っていますか。

（　　　　　　　）

② 番号❶や❸の記録は、それぞれどの階級に入りますか。

❶（　　　　　　　）　　❸（　　　　　　　）

③ 右の度数分布表を完成させましょう。

2 りかさんは、クラスの人のすいみん時間を調べて、右の表に表しました。

教科書 76 ページ ❶

① 最も度数の多い階級は、何時間以上何時間未満のはん囲ですか。

（　　　　　　　）

すいみん時間調べ

すいみん時間(時間)	人数(人)
6 以上〜7 未満	1
7　　〜8	6
8　　〜9	13
9　　〜10	9
10　　〜11	1
合計	30

② すいみん時間が 9 時間以上の人数は、何人ですか。

（　　　　　　　）

③ すいみん時間が 7 時間以上 8 時間未満の人は全体の何 % ですか。

（　　　　　　　）

ヒント ❷ ② 9 時間以上 10 時間未満と 10 時間以上 11 時間未満の人数を合わせます。

教科書 78〜79 ページ 〉 答え 12 ページ 〉

✏ 次の ☐ にあてはまる数を書きましょう。

◎ねらい ちらばりのようすをグラフに表せるようにしよう。

練習 ① ②→

🐾 柱状グラフ

30 ページの 50 m 走の記録は、右のようなグラフに表せます。このようなグラフを、**柱状グラフ、またはヒストグラム**といいます。

柱状グラフに表すと、データ全体の特ちょうが形でわかりやすくなります。

🐾 柱状グラフのかき方

❶ 横軸に階級と単位、縦軸に目盛りの数と単位を書く。
❷ それぞれの階級の度数を表す長方形をかく。

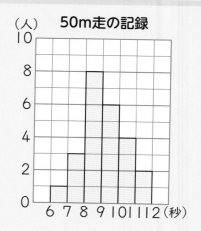

1 上のグラフを見て答えましょう。

(1) 10 秒以上 11 秒未満の人は何人ですか。

(2) 度数が一番多い階級は、何秒以上何秒未満ですか。

(3) 9 秒未満の人は、全部で何人ですか。

(4) 速いほうから数えて 5 番目の人は、どの階級に入っていますか。

解き方 (1)　10 秒以上 11 秒未満の人は ☐ 人です。

(2)　度数が一番多い階級は、①☐ 秒以上 ②☐ 秒未満です。

(3)　9 秒未満の人は、右のグラフの色をつけた部分だから、

1 + ①☐ + 8 = ②☐（人）

(4)　グラフの左のほうが速いので、左から順に調べていきます。

・6 秒以上 7 秒未満……1 番目

・7 秒以上 8 秒未満……2 番目から ①☐ 番目

・8 秒以上 9 秒未満……②☐ 番目から 12 番目

答え ③☐ 秒以上 ④☐ 秒未満の階級

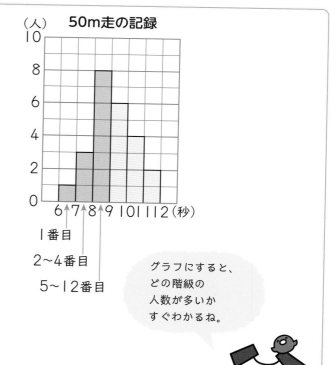

グラフにすると、どの階級の人数が多いかすぐわかるね。

★ できた問題には、「た」を書こう！★

でき ① 　でき ②

教科書 78〜79 ページ　　答え 12 ページ

1 下の表は、だいきさんの学校の6年生男子の身長を表したものです。

教科書 78 ページ ②

6年生男子の身長

身長（cm）	人数（人）
125 以上〜130 未満	1
130　　〜135	2
135　　〜140	5
140　　〜145	9
145　　〜150	7
150　　〜155	3
155　　〜160	1
160　　〜165	1
合計	29

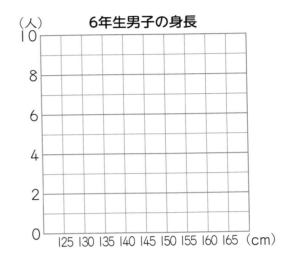

6年生男子の身長

① 柱状グラフに表しましょう。

② 背の高いほうから数えて5番目の人は、どの階級に入っていますか。

（　　　　　　　　　　）

2 ありささんは、クラスの人の通学路の道のりを調べて、右の柱状グラフに表しました。

教科書 78 ページ ②

① 通学路の道のりが 0.8 km 以上 1 km 未満の人は何人ですか。

（　　　　　　　　　　）

② ありささんの通学路の道のりは 0.3 km です。どの階級に入りますか。

（　　　　　　　　　　）

③ 度数が一番多い階級は、何 km 以上何 km 未満ですか。

（　　　　　　　　　　）

④ ありささんのクラスの人数は何人ですか。

（　　　　　　　　　　）

⑤ 通学路の道のりが 0.6 km 以上 0.8 km 未満の人数は、クラス全体の人数の何％ですか。

（　　　　　　　　　　）

ヒント 　② ⑤ 0.6 km 以上 0.8 km 未満の人数は9人です。

教科書 80〜81 ページ　答え 12 ページ

✏ 次の □ にあてはまる数を書きましょう。

🎯 ねらい　さまざまな場面で、データが活用できるようにしよう。　練習 ❶→

🐾 データの活用

データを度数分布表や柱状グラフに整理し、代表値を比べると、いろいろなことがわかるようになります。

1 めいさんの町では、毎年長なわとびの大会があります。6年生の3つのクラスの中から、学校の代表を選ぶことになりました。6年生の練習の記録は、次の表のとおりです。

	1回目	2回目	3回目	4回目	5回目
6年1組	18回	23回	29回	21回	33回
6年2組	32回	34回	8回	9回	40回
6年3組	29回	8回	32回	37回	22回

(1) それぞれのクラスの回数の平均値を求めましょう。

(2) それぞれのクラスの記録の中で、一番とんだ回数を書きましょう。

(3) それぞれのクラスの記録の中で、一番とべなかった回数を書きましょう。

(4) どのクラスを学校の代表に選ぶとよいですか。理由を書きましょう。

解き方

(1) 平均値は、6年1組 ① □ 回、6年2組 ② □ 回、6年3組 ③ □ 回

(2) いちばんとんだ回数は、6年1組 ① □ 回、6年2組 ② □ 回、
6年3組 ③ □ 回

(3) いちばんとべなかった回数は、6年1組 ① □ 回、6年2組 ② □ 回、
6年3組 ③ □ 回

(4) 例 6年1組…（理由）10回以下の悪い記録がないから。

6年2組…（理由）学年で最高の ① □ 回をとんだから。

6年3組…（理由）平均値が ② □ 回で一番よいから。

教科書　80〜81 ページ　　答え　13 ページ

1 はづきさんのクラスで国語と算数のテストがあり、その結果を柱状グラフに表しました。

教科書　80 ページ **1**

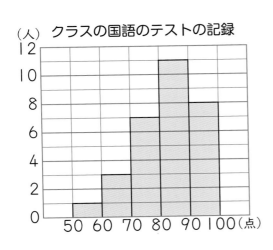

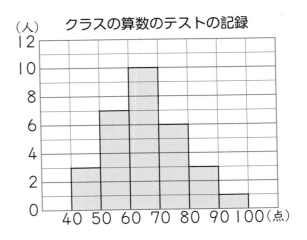

① クラスの人数は何人ですか。

（　　　　　　　　）

国語のほうが
いい点の人が多いね。

② 度数が一番多い階級を書きましょう。

国語（　　　　　　　　　　　　　）

算数（　　　　　　　　　　　　　）

③ はづきさんの得点は、どちらも 75 点でした。75 点は、よいほうから数えて何番目から何番目のはん囲に入りますか。

国語（　　　　　　　　　　　　　　　　　　）

算数（　　　　　　　　　　　　　　　　　　）

④ あなたは、どちらも 75 点だったはづきさんは、どちらの教科の学習により努力するべきだと思いますか。また、その理由も書きましょう。

（　　　　　　　　　　　）

理由（　　　　　　　　　　　　　　　　　　　　　　　　　　　　　　　

ヒント　**1** ③ 70 点以上 80 点未満のはん囲が、よいほうから何番目にあるかを数えます。

④ いろいろなグラフ

教科書 82〜83 ページ　答え 13 ページ

✎ 次の □ にあてはまる数やことばを書きましょう。

◎ねらい　いろいろなグラフの読み取り方を知ろう。

練習 ①②→

いろいろなくふうされたグラフがあります。

★年れい別の人口を、男性を左側、女性を右側にそれぞれ柱状グラフで表したグラフ。
★左と右の縦軸（たてじく）にちがった目盛り（めも）をつけて、2つのグラフをまとめて表したグラフ。

1 下のグラフは、1975年と2020年のA市の人口を、男女別、年れい別に表したものです。

A市の男女別、年れい別人口

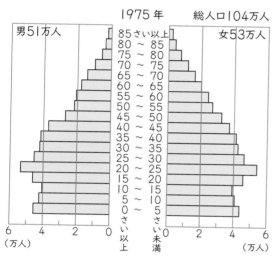

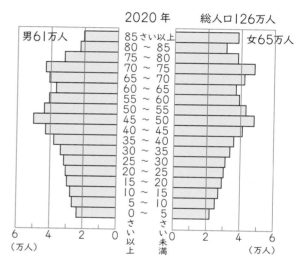

(1) 1975年、2020年で、一番人口が多い階級は、それぞれ何さい以上何さい未満ですか。

(2) 1975年と2020年の、年れい別の人口のちらばりの特ちょうを比べて、どんなことがわかりますか。

【解き方】(1)　グラフの横の長さから読み取ります。

1975年…① □ さい以上 ② □ さい未満
2020年…③ □ さい以上 ④ □ さい未満

> 縦軸は階級（年れいの区間）、横軸は度数（人口）が表されているよ。

(2)　2020年には、60さい以上の人口が増え、20さい未満の人口が □ います。

答え　（例）A市の人口の高れい化、少子化がわかる。

★できた問題には、「た」を書こう！★
😊 でき ① 😊 でき ②

教科書 82〜83 ページ | 答え 13 ページ

1 右のグラフは、1945年、1975年、2020年の日本の男女別、年れい別の人口の割合を表したものです。 教科書 82ページ①

① 1945年、1975年、2020年で、一番人口の割合が少ない階級は、それぞれ何さい以上何さい未満ですか。

1945年 （　　　　　）

1975年 （　　　　　）

2020年 （　　　　　）

② 3つのグラフを比べてわかることを答えましょう。

（　　　　　　　　　　　）

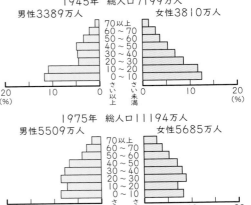
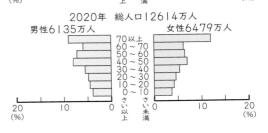

日本の男女別、年れい別人口

🔍 よくみて

2 右のグラフは、B市の農業で働く人の総人口と、その総人口をもとにした、65さい以上の農業人口の割合を調べたものです。 教科書 82ページ①

① B市の農業人口は、1985年から2015年までの30年間で、およそ何人減りましたか。

（　　　　　　　）

② 2015年の65さい以上の農業人口は、およそ何人ですか。

（　　　　　　　）

③ 1975年から2015年にかけて、65さい以上の割合はどのように変化していますか。

（　　　　　　　）

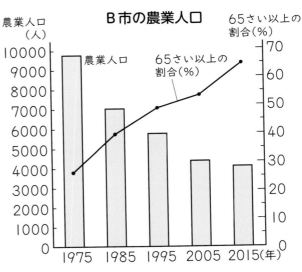

B市の農業人口

棒グラフの目盛りは左にあって、折れ線グラフの目盛りは右にあるよ。

😊 ヒント ② ② 2つのグラフから、2015年の農業人口と65さい以上の割合をそれぞれ読み取ります。

⑤ データの活用

知識・技能

／40点

1 次の表は、まいさんのクラスでアルミかん集めをしたときの個数を調べたものです。

各8点（32点）

アルミかん調べ

番号	❶	❷	❸	❹	❺	❻	❼	❽	❾	❿
個数（個）	23	20	15	18	11	16	20	21	22	17

番号	⑪	⑫	⑬	⑭	⑮	⑯	⑰	⑱	⑲
個数（個）	19	26	22	16	20	18	22	13	22

① データをドットプロットに表しましょう。

アルミかん調べ

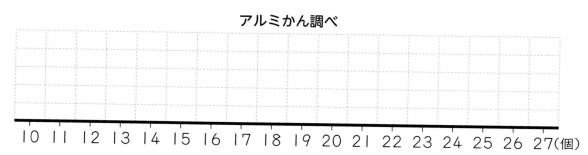

10 11 12 13 14 15 16 17 18 19 20 21 22 23 24 25 26 27（個）

② 平均値、最頻値、中央値を求めましょう。

平均値（　　　　　　）　最頻値（　　　　　　）　中央値（　　　　　　）

2 次の表は、ひろきさんのクラスの１週間の家庭学習の時間を調べたものです。データを度数分布表に表しましょう。

（8点）

１週間の家庭学習の時間

番号	学習時間 （時間）	番号	学習時間 （時間）	番号	学習時間 （時間）
❶	4	❽	7	⑮	5
❷	6	❾	2	⑯	8
❸	9	❿	5	⑰	11
❹	4	⑪	5	⑱	3
❺	3	⑫	6	⑲	8
❻	5	⑬	3	⑳	2
❼	7	⑭	4	㉑	5

１週間の家庭学習の時間

時間（時間）	人数（人）
2 以上〜4 未満	
4　　〜6	
6　　〜8	
8　　〜10	
10　　〜12	
合計	21

思考・判断・表現　　　　　　　　　　　　　　　　　　　　／60点

3 よく出る あやさんの学校の6年生女子の走りはば
とびの記録を、右のグラフに表しました。　各8点(40点)

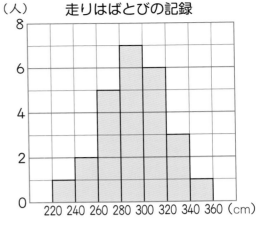

（人）　走りはばとびの記録

① 最も度数の多い階級は、何cm以上何cm未満です
か。

（　　　　　　　　　　　）

② あやさんの学校の6年生女子の人数は何人ですか。

（　　　　　　　　　）

③ 記録のよいほうから数えて3番目の人は、どの階級に入っていますか。

（　　　　　　　　　　　　　　　　）

④ 280cm未満の人数は、全体の何％ですか。

（　　　　　　　　　）

⑤ このグラフだけではわからないものを、次のあ〜うから全て選んで記号で答えましょう。

　　あ　一番遠くにとんだ人の記録は355cm
　　い　240cm以上260cm未満の人数が2人
　　う　280cmの人はいない

（　　　　　　　　　）

4 下の2つのグラフは、エチオピアとスウェーデンの年代別男女人口の割合を表したものです。
　各10点(20点)

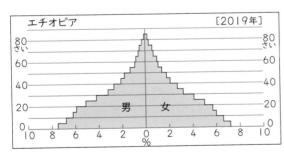
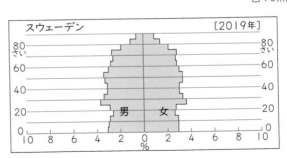

① 高れい者と子どもの割合がともに小さいのは、どちらの国ですか。

（　　　　　　　　　）

② 年れいが高くなるにつれて割合が小さくなるのは、どちらの国ですか。

（　　　　　　　　　）

ふりかえり ① がわからないときは、28ページの 1 2 にもどって確認してみよう。

活用 グラフから読み取ろう

教科書　88 ページ　答え　14 ページ

1 次のグラフは、あさひ町に住む人の年代別の人数とその割合を表したものです。⑧のグラフには、ぬけている部分があります。

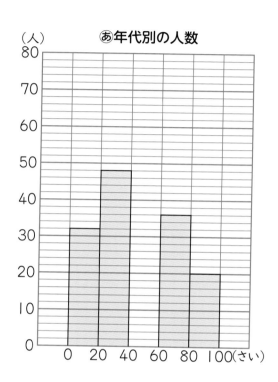

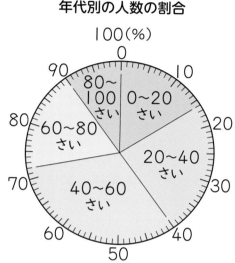

※「0〜20さい」は「0さい以上20さい未満」を表しています。

① 80 さい以上 100 さい未満の人数とその割合を読み取りましょう。

（　　　　　　　　　　　　　　　　　　　　）

② あさひ町の全体の人数を求めましょう。

（　　　　　　　　　　　　　　　　　　　　）

③ 40 さい以上 60 さい未満の人数を、次の2通りの考え方で求めましょう。

A 40 さい以上 60 さい未満の人数の割合が、0 さい以上 20 さい未満の人数の何倍かになっていることを使って求める。

（　　　　　　　　　　　　　　　　　　　　）

B ②で求めたあさひ町全体の人数から求める。

（　　　　　　　　　　　　　　　　　　　　）

④ ⑧のグラフのぬけている部分をかき加えましょう。

2 みずきさんの学校の図書館で、昨年１年間に貸し出された本の種類別の数とその割合を調べ、グラフに表しています。このグラフについて、次の問題に答えましょう。

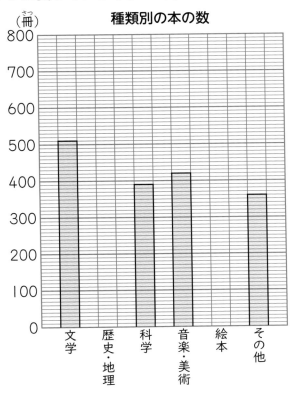

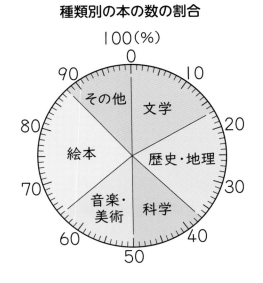

① その他の本の数とその割合を読み取りましょう。

(　　　　　　　　　　　　　　　　　　　　)

② １年間に貸し出された本の数の合計を求めましょう。

(　　　　　　　　　　　　　　　　　　　　)

③ １年間に貸し出された歴史・地理の本の数を求めましょう。また、棒グラフをかき加えましょう。

(　　　　　　　　　　　　　　　　　　　　)

④ １年間に貸し出された絵本の数を求めましょう。また、棒グラフをかき加えましょう。

(　　　　　　　　　　　　　　　　　　　　)

3 右のグラフは、昨年１年間に貸し出された本の数を、学年ごとに表したものです。このグラフについて、次の考えは正しいですか。わけも書きましょう。

２年生に貸し出された本の数は、６年生の３倍近くあります。

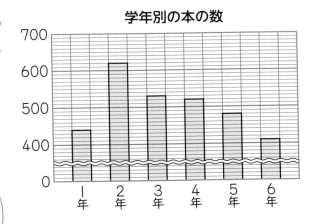

(　　　　　　　　　　　　　　　　　　　　)

41

3分でまとめ

6 角柱と円柱の体積

① 角柱と円柱の体積

教科書 89〜95 ページ 　 答え 15 ページ

✏️ 次の ◯ にあてはまる数をかきましょう。

🎯 **ねらい** 角柱や円柱の体積を求められるようにしよう。　　練習 ① ② ③ →

🐾 **底面積**

底面の面積を**底面積**といいます。

🐾 **角柱や円柱の体積の求め方**

角柱、円柱の体積＝底面積×高さ

〔例〕 右の四角柱の体積は、 $\underset{\text{底面積}}{\underline{2\times2}}\times\underset{\text{高さ}}{\underline{4}}=16(cm^3)$

〔例〕 右の円柱の体積は、 $\underset{\text{底面積}}{\underline{1\times1\times3.14}}\times\underset{\text{高さ}}{\underline{5}}=15.7(cm^3)$

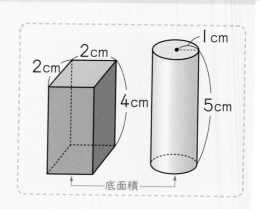
底面積

1 右の角柱と円柱の体積を求めましょう。

解き方 公式を使って求めます。

(1) 底面は、底辺 ①◯ cm、高さ3cm の三角形だから、体積は、

$\underset{\text{底面積}}{\underline{5\times3\div②◯}}\times\underset{\text{高さ}}{\underline{③◯}}=④◯$

答え ⑤◯ cm³

(2) 底面は、半径 ①◯ cm の円だから、体積は、

$\underset{\text{底面積}}{\underline{②◯\times2\times3.14}}\times\underset{\text{高さ}}{\underline{③◯}}=④◯$

答え ⑤◯ cm³

(1)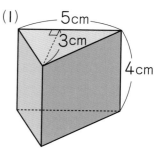
5cm
3cm
4cm

(2)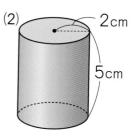
2cm
5cm

2 右のような立体の体積を求めましょう。

解き方  を底面とする角柱とみます。底面積は、

$6\times3+3\times4=30(cm^2)$

体積は、 $\underset{\text{底面積}}{\underline{①◯}}\times\underset{\text{高さ}}{\underline{②◯}}=③◯$

答え ④◯ cm³

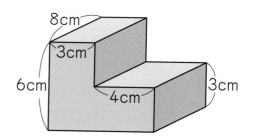
8cm
3cm
6cm
4cm
3cm

角柱とみると、底面積×高さで求められるね。

学習日　月　日

★できた問題には、「た」を書こう！★

でき 1　でき 2　でき 3

教科書 89～95ページ　答え 15ページ

1 次の角柱の体積を求めましょう。

教科書 91ページ 2

①

3cm
2cm
7cm
4cm

（底面は台形）

式

答え（　　　）

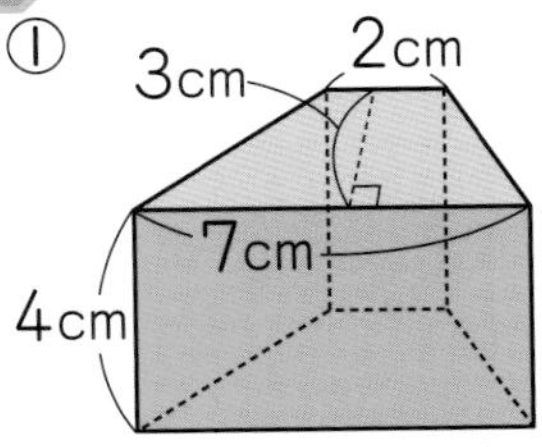

②

6cm
3cm
4cm

（底面はひし形）

式

答え（　　　）

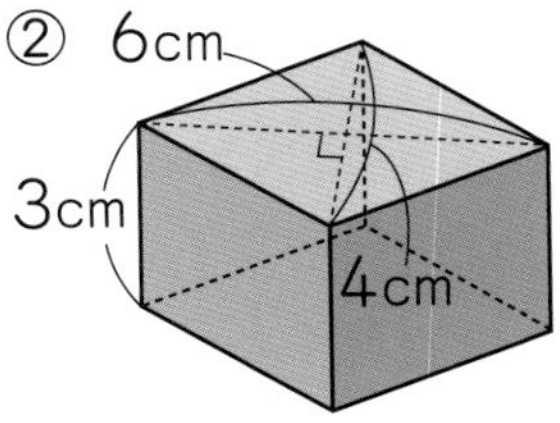

③

8cm
6cm
10cm

式

答え（　　　）

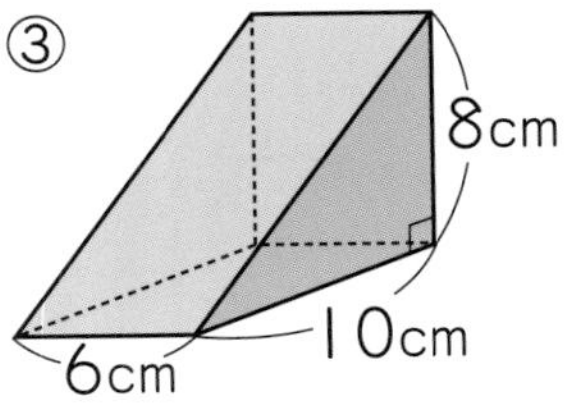

④

4cm
3cm
底面積24cm²

式

答え（　　　）

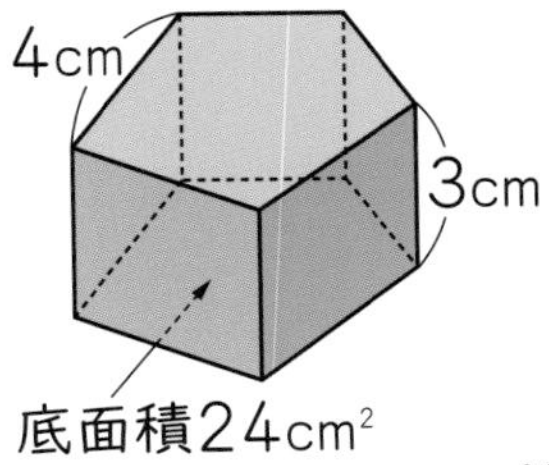

2 次の円柱の体積を求めましょう。

教科書 93ページ 3

①

10cm
5cm

式

答え（　　　）

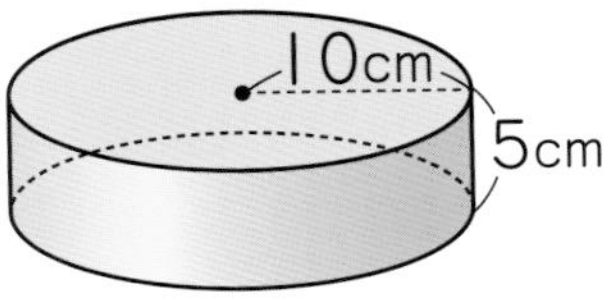

②

7cm
1cm

式

答え（　　　）

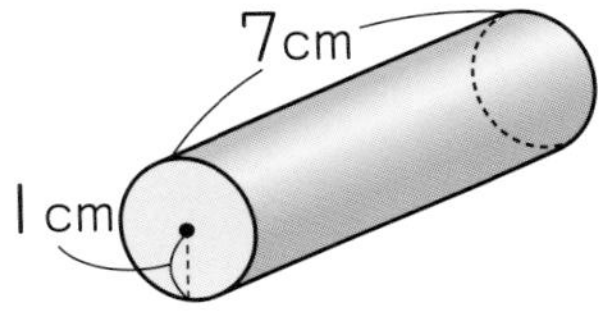

③

6cm
8cm

式

答え（　　　）

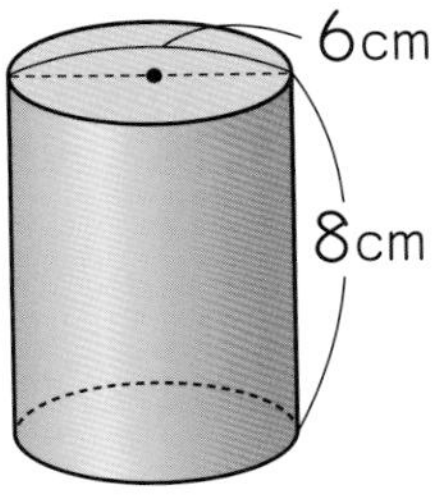

3 右のような立体を角柱とみるとき、次の問題に答えましょう。

教科書 95ページ 4

4cm
5cm
7cm
3cm

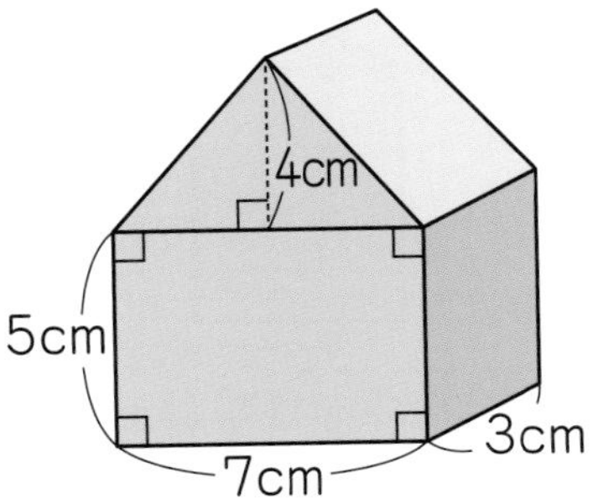

① 底面積を求めましょう。

式

答え（　　　）

② 体積を求めましょう。

式

答え（　　　）

ヒント 2 ② 円柱を横にしても、底面は変わりません。底面は半径 1cm の円です。

ぴったり3
確かめのテスト
⑥ 角柱と円柱の体積
時間 30分
／100
合格 80点
教科書 89〜97ページ　答え 16ページ

知識・技能 ／70点

1 次の問題に答えましょう。 各4点（20点）

① 角柱や円柱の体積を求める公式を書きましょう。

角柱、円柱の体積＝ ［　　　　　　　　　　　　　　］

② 右の三角柱の底面積と体積を求めましょう。

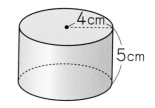

底面積（　　　　　　　）　体積（　　　　　　　）

③ 右の円柱の底面積と体積を求めましょう。

底面積（　　　　　　　）　体積（　　　　　　　）

2 よく出る 次の角柱や円柱の体積を求めましょう。 式・答え 各5点（40点）

①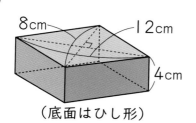

（底面はひし形）

式

答え（　　　　　　　）

②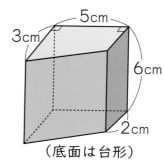

（底面は台形）

式

答え（　　　　　　　）

③

10cm
8cm　3cm
（底面は平行四辺形）

式

答え（　　　　　　　）

④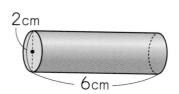

2cm
6cm

式

答え（　　　　　　　）

③ 体積が 432 cm³ で、高さが 12 cm の四角柱の底面積を求めましょう。　式・答え　各5点(10点)

式

答え（　　　　　　　）

この本の終わりにある『夏のチャレンジテスト』をやってみよう！

思考・判断・表現	／30点

④ よく出る 下の角柱の底面は、右の図のような五角形です。この角柱の体積を求めましょう。
式・答え　各5点(10点)

式

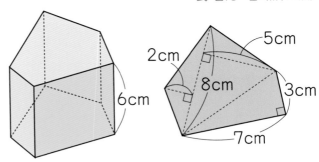

答え（　　　　　　　）

⑤ 右の立体は、四角柱から、同じ高さの円柱をくりぬいた残りの立体です。この立体の体積を求めましょう。
式・答え　各5点(10点)

式

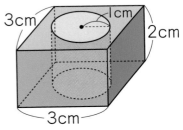

答え（　　　　　　　）

できたらスゴイ！

⑥ 右のような円柱の形をした入れ物があります。底面の円の半径は 3 cm です。この入れ物に水を入れたら、水の深さは 7 cm になりました。入れた水は何 cm³ ですか。　式・答え　各5点(10点)

式

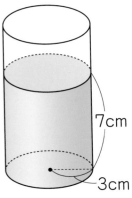

答え（　　　　　　　）

ふりかえり　❶がわからないときは、42ページの❶にもどって確認してみよう。

7 分数のかけ算

① **分数をかける計算**

3分でまとめ

教科書 **99〜105 ページ** ▶ 答え **16 ページ**

✏️ 次の ▢ にあてはまる数を書きましょう。

🎯 **ねらい** 分数×分数の意味を理解しよう。　　　練習 ②③→

1dL で $\frac{4}{5}$ m² のかべをぬれるペンキがあります。このペンキ $\frac{2}{3}$ dL では、何 m² のかべがぬれますか。

| 1dL でぬれる面積 | × | ペンキの量 | ＝ | ぬれる面積 | から、$\frac{4}{5} \times \frac{2}{3}$ となります。

ペンキの量が分数で表されていても、整数や小数のときと同じようにかけ算が使えます。

1 $\frac{4}{5} \times \frac{2}{3}$ の計算のしかたを考えましょう。

解き方 下の図を見て考えます。

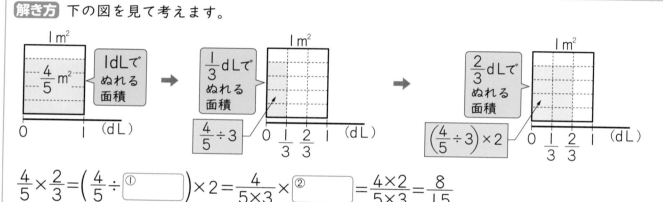

$$\frac{4}{5} \times \frac{2}{3} = \left(\frac{4}{5} \div \boxed{①} \right) \times 2 = \frac{4}{5 \times 3} \times \boxed{②} = \frac{4 \times 2}{5 \times 3} = \frac{8}{15}$$

🎯 **ねらい** 分数×分数の計算のしかたを理解しよう。　　練習 ①②③→

🐾 **分数に分数をかける計算**

分数に分数をかける計算では、**分母どうし、分子どうしを**
それぞれかけます。

$$\frac{b}{a} \times \frac{d}{c} = \frac{b \times d}{a \times c}$$

2 次のかけ算をしましょう。

(1) $\frac{3}{4} \times \frac{3}{5}$　　(2) $\frac{3}{8} \times \frac{2}{9}$　　(3) $3 \times \frac{2}{7}$　　(4) $2\frac{6}{7} \times \frac{3}{10} \times \frac{1}{9}$

解き方 (1) $\frac{3}{4} \times \frac{3}{5} = \frac{3 \times \boxed{①}}{4 \times \boxed{②}} = \boxed{③}$　　(2) $\frac{3}{8} \times \frac{2}{9} = \frac{3 \times 2}{\underset{4}{8} \times \underset{3}{9}} = \boxed{}$

(3) $3 = \frac{3}{1}$ だから、$3 \times \frac{2}{7} = \frac{3 \times 2}{\boxed{①} \times 7} = \boxed{②}$

約分はとちゅうで
すると簡単だよ。

(4) $2\frac{6}{7} \times \frac{3}{10} \times \frac{1}{9} = \frac{20}{7} \times \frac{3}{10} \times \frac{1}{9} = \frac{\overset{2}{20} \times 3 \times 1}{7 \times \underset{1}{\cancel{10}} \times \underset{3}{9}} = \boxed{}$

 ★ できた問題には、「た」を書こう！ ★

でき① 　でき② 　でき③

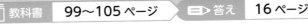 📖 教科書　99〜105 ページ　　📄 答え　16 ページ

1 計算をしましょう。

教科書　100 ページ **1**、104 ページ **2**・**3**、105 ページ **4**・**5**

① $\dfrac{1}{5} \times \dfrac{4}{9}$

② $\dfrac{5}{7} \times \dfrac{5}{6}$

③ $\dfrac{8}{5} \times \dfrac{4}{3}$

④ $\dfrac{3}{7} \times \dfrac{5}{6}$

⑤ $\dfrac{8}{15} \times \dfrac{3}{4}$

⑥ $1\dfrac{1}{14} \times \dfrac{7}{20}$

⑦ $5 \times \dfrac{3}{4}$

⑧ $6 \times \dfrac{4}{9}$

⑨ $15 \times \dfrac{2}{5}$

⑩ $\dfrac{7}{10} \times \dfrac{5}{9} \times \dfrac{3}{5}$

⑪ $1\dfrac{1}{12} \times \dfrac{1}{15} \times \dfrac{10}{3}$

⑫ $\dfrac{5}{8} \times 14 \times \dfrac{5}{21}$

2 1 分間に $\dfrac{2}{5}$ m³ の水を入れることができるポンプがあります。このポンプを使うと $\dfrac{2}{3}$ 分間では、何 m³ の水を入れることができますか。

教科書　100 ページ **1**

式

答え（　　　　　　　　　　）

3 1 m の重さが $\dfrac{4}{7}$ kg の針金があります。この針金 $\dfrac{5}{8}$ m の重さは何 kg ですか。

教科書　104 ページ **2**

式

答え（　　　　　　　　　　）

💡ヒント　❶ 約分を忘れないようにしましょう。

7 分数のかけ算

② 逆数
③ 積の大きさ

📖 教科書 107〜108 ページ ➡ 答え 17 ページ

✏️ 次の ▢ にあてはまる数やことば、記号を書きましょう。

◎ねらい 逆数の意味を理解しよう。　　　　　　　　練習 ➊→

2つの数の積が1になるとき、一方の数をもう一方の数の**逆数**といいます。

逆数は、分子と分母を入れかえた分数になります。

〔例〕 $\frac{2}{3} \times \frac{3}{2} = 1$ だから、「$\frac{2}{3}$ の逆数は $\frac{3}{2}$」「$\frac{3}{2}$ の逆数は $\frac{2}{3}$」

1 次の数の逆数を求めましょう。

(1) $\frac{3}{4}$　　　　(2) 7　　　　(3) 0.9　　　　(4) $2\frac{2}{5}$

解き方 (1) 逆数は、分子と分母を入れかえた分数だから、$\frac{3}{4}$ の逆数は ▢

(2) 7を分数にすると $\frac{①\ ▢}{1}$ だから、7の逆数は ②▢

整数や小数の逆数は、分数になおしてから求めるよ。

(3) 0.9 を分数にすると $\frac{①\ ▢}{10}$ だから、0.9 の逆数は ②▢

(4) $2\frac{2}{5} = \frac{①\ ▢}{5}$ だから、$2\frac{2}{5}$ の逆数は ②▢

◎ねらい 積とかけられる数の大小関係を理解しよう。　　練習 ➋ ➌ ➍→

🐾 **積とかけられる数の大小関係**

⭐かける数 > 1 のときは、**積>かけられる数**
⭐かける数 = 1 のときは、**積=かけられる数**
⭐かける数 < 1 のときは、**積<かけられる数**

小数のときと同じように、かける数の大きさによって決まるよ。

2 積がかけられる数より小さくなるものを全て選びましょう。

ⓐ $10 \times \frac{2}{3}$　　ⓘ $\frac{4}{5} \times \frac{3}{2}$　　ⓤ $\frac{5}{7} \times \frac{4}{3}$　　ⓔ $\frac{8}{5} \times \frac{5}{6}$

解き方 積<かけられる数となるのは、かける数が1より ①▢ なるときだから、答えは、②▢ と ③▢

練習

教科書 107〜108 ページ　答え 17 ページ

1 次の数の逆数を求めましょう。　教科書 107 ページ **1**

① $\dfrac{5}{8}$　　② $\dfrac{11}{4}$　　③ $\dfrac{1}{6}$

(　　　)　　(　　　)　　(　　　)

④ 9　　⑤ 0.7　　⑥ 1.3

(　　　)　　(　　　)　　(　　　)

2 次のあ〜おの積について答えましょう。（a は 0 でない数とします。）　教科書 108 ページ **1**

あ $a \times \dfrac{5}{6}$　　い $a \times \dfrac{8}{3}$　　う $a \times \dfrac{7}{6}$　　え $a \times 0.9$　　お $a \times 1$

① 積が、ある数 a より小さくなるのはどれですか。

(　　　)

② 積が、ある数 a と等しくなるのはどれですか。

(　　　)

3 下の式で、積がかけられる数より小さくなるとき、□ にあてはまる数を全て答えましょう。ただし、あてはまる数は 0 でない数とします。　教科書 108 ページ **1**

$\dfrac{7}{2} \times \dfrac{\square}{5}$

(　　　)

できたらスゴイ！

4 □ にあてはまる不等号を書きましょう。　教科書 108 ページ **1**

① $\dfrac{3}{8} \times \dfrac{4}{5} \square \dfrac{3}{8}$　　② $\dfrac{1}{9} \times \dfrac{7}{6} \square \dfrac{1}{9}$　　③ $50 \times \dfrac{3}{4} \square 50$

ヒント ① 整数や小数は、分数になおしてから逆数にしましょう。

49

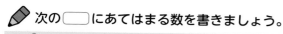

ぴったり1 準備

7 分数のかけ算

④ **面積や体積の公式と分数**
⑤ **計算のきまり**

学習日　月　日

教科書 109〜110ページ　答え 17ページ

✎ 次の◯にあてはまる数を書きましょう。

◎ねらい **辺の長さが分数のときの面積や体積を求められるようにしよう。** 練習 ① ② ③→

辺の長さが分数で表されていても、面積や体積を求める公式が使えます。
★**長方形の面積＝縦×横**
★**正方形の面積＝１辺×１辺**
★**直方体の体積＝縦×横×高さ**
★**立方体の体積＝１辺×１辺×１辺**

整数や小数のときと
同じだね。

1 縦 $\frac{2}{3}$ m、横 $\frac{4}{5}$ m の長方形の面積は何 m² ですか。

解き方 式　（縦）①[　　] × （横）②[　　] = ③[　　]（m²）　　答え ④[　　] m²

2 １辺の長さが $\frac{1}{3}$ m の立方体の体積は何 m³ ですか。

解き方 式　（１辺）①[　　] × ②[　　] × ③[　　] = ④[　　]（m³）　　答え ⑤[　　] m³

◎ねらい **分数についても計算のきまりが成り立つことを理解しよう。** 練習 ④→

🐾 **計算のきまり**

　a、b、c が分数のときにも、
次のきまりが成り立ちます。

$a×b=b×a$
$(a×b)×c=a×(b×c)$
$(a+b)×c=a×c+b×c$

$(a-b)×c$
$=a×c-b×c$
も成り立つよ。

3 くふうして計算しましょう。

(1) $\left(\frac{2}{3}+\frac{1}{5}\right)×15$

(2) $\frac{6}{7}×2+\frac{6}{7}×5$

解き方 (1) $\left(\frac{2}{3}+\frac{1}{5}\right)×15=\frac{2}{3}×$ ①[　　] $+$ ②[　　] $×15$

$=10+$ ③[　　] $=$ ④[　　]

(2) $\frac{6}{7}×2+\frac{6}{7}×5=\frac{6}{7}×\left(2+\right.$ ①[　　] $\left.\right)$

$=\frac{6}{7}×$ ②[　　] $=$ ③[　　]

長方形の面積を考えて、
$(a+b)×c=a×c+b×c$

50

練習

★ できた問題には、「た」を書こう！ ★

でき ① でき ② でき ③ でき ④

📖 教科書 109〜110 ページ　➡️ 答え　17 ページ

① 縦が $\frac{2}{5}$ m、横が $\frac{5}{8}$ m の長方形の面積は何 m² ですか。

教科書 109 ページ **1**

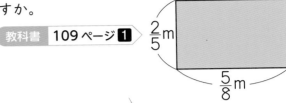

式

答え （　　　　　　　　）

② １辺の長さが $\frac{3}{7}$ m の正方形の面積を求めましょう。

教科書 109 ページ **1**

式

答え （　　　　　　　　）

③ 縦 $\frac{2}{3}$ m、横 $\frac{7}{8}$ m、高さ $\frac{4}{5}$ m の直方体の体積を求めましょう。

教科書 109 ページ **1**

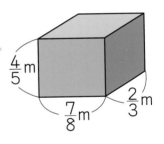

式

答え （　　　　　　　　）

④ 計算のきまりを使い、くふうして計算しましょう。

教科書 110 ページ **1**

① $\left(\frac{7}{10} \times \frac{3}{4}\right) \times \frac{4}{3}$

② $\left(\frac{5}{6} - \frac{2}{9}\right) \times 18$

③ $\frac{3}{4} \times \frac{5}{8} + \frac{3}{4} \times \frac{3}{8}$

④ $\frac{12}{13} \times \frac{8}{9} - \frac{12}{13} \times \frac{7}{9}$

🐾 ヒント　❶❷❸ 面積や体積を求める公式にあてはめます。

51

ぴったり③
確かめのテスト

⑦ 分数のかけ算

時間 30 分

／100

合格 80 点

教科書 99〜112 ページ　答え 18 ページ

知識・技能　　　　　　　　　　　　　　　　　　　　　　　　　　　／76点

1 □にあてはまる数を書きましょう。　　　　　　　　　　　各4点、①・②は完答(8点)

① $\dfrac{3}{7} \times \dfrac{5}{8} = \dfrac{3 \times \boxed{}}{7 \times \boxed{}}$

$= \boxed{}$

② $4 \times \dfrac{3}{5} = \dfrac{4}{\boxed{}} \times \dfrac{3}{5}$

$= \boxed{}$

2 次の数の逆数を求めましょう。　　　　　　　　　　　　　　　各4点(16点)

① $\dfrac{5}{6}$　　　　② $\dfrac{1}{8}$　　　　③ 6　　　　④ $2\dfrac{9}{10}$

（　　　　　）（　　　　　）（　　　　　）（　　　　　）

3 積が $\dfrac{5}{9}$ より小さくなるものを全て選び、記号で答えましょう。　　　(4点)

㋐ $\dfrac{5}{9} \times \dfrac{3}{2}$　　　㋑ $\dfrac{5}{9} \times \dfrac{2}{3}$　　　㋒ $\dfrac{5}{9} \times \dfrac{13}{6}$　　　㋓ $\dfrac{5}{9} \times \dfrac{2}{5}$

（　　　　　）

4 □にあてはまる数を書きましょう。　　　　　　　　　　　各4点、②は完答(8点)

① $\left(\dfrac{1}{2} \times \dfrac{5}{8}\right) \times \dfrac{3}{4} = \boxed{} \times \left(\dfrac{5}{8} \times \dfrac{3}{4}\right)$

② $\left(\dfrac{2}{3} + \dfrac{1}{4}\right) \times \dfrac{3}{5} = \dfrac{2}{3} \times \boxed{} + \boxed{} \times \dfrac{3}{5}$

5 くふうして計算しましょう。　　　　　　　　　　　　　　　各4点(8点)

① $\left(\dfrac{1}{4} + \dfrac{7}{10}\right) \times 20$

② $8 \times \dfrac{5}{9} - 5 \times \dfrac{5}{9}$

6 よく出る 計算をしましょう。　　　　　　　　各4点（32点）

① $\dfrac{2}{7} \times \dfrac{2}{3}$　　　　② $\dfrac{5}{9} \times \dfrac{3}{4}$　　　　③ $\dfrac{5}{6} \times \dfrac{4}{15}$

④ $3 \times \dfrac{7}{12}$　　　　⑤ $\dfrac{9}{4} \times \dfrac{5}{6}$　　　　⑥ $1\dfrac{1}{8} \times 1\dfrac{1}{3}$

⑦ $\dfrac{1}{4} \times \dfrac{3}{7} \times \dfrac{8}{9}$　　　　⑧ $\dfrac{3}{5} \times 14 \times \dfrac{5}{7}$

思考・判断・表現　　　　　　　　　　　　　　／24点

7 よく出る 1mの重さが $\dfrac{4}{3}$ kgの鉄の棒があります。この鉄の棒 $\dfrac{3}{5}$ mの重さは何kgですか。

式・答え　各4点（8点）

式

答え（　　　　　　）

8 $\dfrac{21}{4}$ m²の花だんに水をまきます。1m²あたり $\dfrac{6}{7}$ dL水をまくとすると、全部で何dLの水が必要ですか。

式・答え　各4点（8点）

式

答え（　　　　　　）

9 縦 $\dfrac{5}{6}$ m、横 $\dfrac{1}{2}$ m、高さ $\dfrac{2}{5}$ mの直方体の体積を求めましょう。　　式・答え　各4点（8点）

式

答え（　　　　　　）

ふりかえり ❶がわからないときは、46ページの**2**にもどって確認してみよう。

付録の「計算せんもんドリル」5〜10 もやってみよう！

53

ぴったり **1**

準備

3分でまとめ

8 分数のわり算

① 分数でわる計算 -1

学習日　　月　　日

教科書 115〜120 ページ　答え 19 ページ

✎ 次の ▢ にあてはまる数を書きましょう。

◎ねらい 分数÷分数の意味を理解しよう。　練習 ❷❸➡

$\frac{3}{4}$ dL で $\frac{2}{5}$ m² の板をぬれるペンキがあります。このペンキ 1 dL では、何 m² の板がぬれますか。

ぬった面積 ÷ ペンキの量 ＝ 1dL でぬれる面積 から、式は、$\frac{2}{5} \div \frac{3}{4}$ となります。

使ったペンキの量が分数で表されていても、1 dL でぬれる面積を求めるには、整数や小数のときと同じようにわり算が使えます。

1 $\frac{2}{5} \div \frac{3}{4}$ の計算のしかたを考えましょう。

解き方 下の数直線を見て考えます。

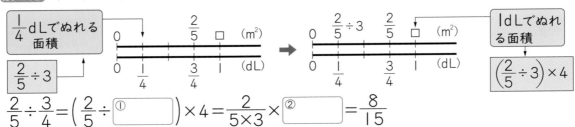

$\frac{2}{5} \div \frac{3}{4} = \left(\frac{2}{5} \div \boxed{①} \right) \times 4 = \frac{2}{5 \times 3} \times \boxed{②} = \frac{8}{15}$

◎ねらい 分数÷分数の計算のしかたを理解しよう。　練習 ❶❷❸➡

🐾 分数を分数でわる計算

分数を分数でわる計算では、わられる数に、
わる数の逆数をかけます。

$$\frac{b}{a} \div \frac{d}{c} = \frac{b}{a} \times \frac{c}{d}$$
　　　　　　　　　逆数

2 次のわり算をしましょう。

(1) $\frac{5}{6} \div \frac{3}{7}$

(2) $\frac{7}{12} \div \frac{4}{15}$

解き方 (1) $\frac{5}{6} \div \frac{3}{7} = \frac{5}{6} \times \boxed{①} = \frac{5 \times \boxed{②}}{6 \times \boxed{③}} = \boxed{④}$

(2) $\frac{7}{12} \div \frac{4}{15} = \frac{7}{12} \times \frac{\boxed{①}}{\boxed{②}} = \frac{7 \times \overset{5}{\cancel{15}}}{\underset{4}{\cancel{12}} \times \boxed{③}} = \boxed{④}$

逆数をかけるよ。

$\frac{3}{7} \diagdown \frac{7}{3}$

約分はとちゅうですると簡単だよ。

ぴったり 2
練習

★ できた問題には、「た」を書こう！★
でき 1　でき 2　でき 3

学習日　　月　　日

教科書　115〜120ページ　答え　19ページ

1 計算をしましょう。

教科書　116ページ **1**、120ページ **2**

① $\dfrac{1}{8} \div \dfrac{5}{9}$

② $\dfrac{3}{4} \div \dfrac{5}{7}$

③ $\dfrac{5}{9} \div \dfrac{4}{5}$

④ $\dfrac{4}{5} \div \dfrac{7}{9}$

⑤ $\dfrac{5}{6} \div \dfrac{2}{7}$

⑥ $\dfrac{5}{7} \div \dfrac{8}{3}$

⑦ $\dfrac{6}{7} \div \dfrac{4}{5}$

⑧ $\dfrac{3}{4} \div \dfrac{9}{8}$

⑨ $\dfrac{10}{21} \div \dfrac{5}{14}$

⑩ $\dfrac{5}{12} \div \dfrac{10}{27}$

⑪ $\dfrac{2}{5} \div \dfrac{8}{15}$

⑫ $\dfrac{15}{8} \div \dfrac{25}{32}$

2 水そうに水を $\dfrac{4}{5}$ m³ 入れるのに $\dfrac{3}{4}$ 時間かかりました。1時間で何 m³ の水を入れることができますか。

教科書　116ページ **1**

式

答え（　　　　　　　　）

3 $\dfrac{8}{9}$ m の重さが $\dfrac{4}{7}$ kg の鉄の棒があります。この鉄の棒 1m の重さは何 kg ですか。

教科書　120ページ **2**

式

答え（　　　　　　　　）

ヒント　**1** ⑦〜⑫　約分を忘れないようにしましょう。

ぴったり1 準備

8 分数のわり算

① 分数でわる計算 -2

学習日　月　日

📖 教科書 120〜122ページ　✏️ 答え 19ページ

✏️ 次の ⬜ にあてはまる数を書きましょう。

◎ねらい かけ算とわり算の混じった式の計算ができるようにしよう。　練習 ①➡

🐾 かけ算とわり算の混じった式の計算のしかた

わる数を逆数にするとかけ算だけの式になおせます。

〔例〕 $\frac{1}{2} \div \frac{3}{4} \times \frac{3}{5} = \frac{1}{2} \times \frac{4}{3} \times \frac{3}{5} = \frac{1 \times \overset{2}{4} \times \overset{1}{3}}{2 \times 3 \times 5} = \frac{2}{5}$

1 $\frac{3}{7} \times \frac{4}{5} \div \frac{9}{5}$ の計算をしましょう。

解き方 $\frac{3}{7} \times \frac{4}{5} \div \frac{9}{5} = \frac{3}{7} \times \frac{4}{5} \times \frac{①}{②} = \frac{3 \times 4 \times \overset{1}{5}}{7 \times 5 \times \underset{3}{9}} = ③$

わる数の分子と分母を入れかえてかけるんだね。

◎ねらい 整数÷分数の計算ができるようにしよう。　練習 ②➡

🐾 整数÷分数の計算のしかた

整数を分母が1の分数とみて計算します。

〔例〕 $4 \div \frac{3}{5} = \frac{4}{1} \times \frac{5}{3} = \frac{20}{3}$

2 $3 \div \frac{2}{7}$ の計算をしましょう。

解き方 $3 \div \frac{2}{7} = \frac{3}{①} \div \frac{2}{7} = \frac{3}{②} \times \frac{③}{④} = ⑤$

◎ねらい 問題の答えを求める式を考えられるようにしよう。　練習 ③➡

右の場面から、
「ホース1mの重さ」、「ホース1kgの長さ」をそれぞれ求める式は、わり算を使います。

$\frac{5}{4}$ mの重さが $\frac{1}{5}$ kgのホースがあります。

3 $\frac{7}{2}$ mの重さが $\frac{1}{5}$ kgの針金があります。

(1) この針金1mの重さは何kgですか。　(2) この針金1kgの長さは何mですか。

解き方 (1) 1mの重さを求めるときは、わる数は長さです。

式 $\frac{1}{5} \div ① = ②$　答え ③ kg

(2) 1kgの長さを求めるときは、わる数は重さです。

式 $\frac{7}{2} \div ① = ②$　答え ③ m

56

ぴったり 2

練習

★ できた問題には、「た」を書こう！ ★

😊 でき   😊 でき   😊 でき
①   ②   ③

学習日

月   日

📖 教科書 120～122 ページ   ✏️ 答え 20 ページ

1 計算をしましょう。

教科書 120 ページ ❸

① $\dfrac{3}{4} \times \dfrac{5}{9} \div \dfrac{1}{8}$

② $\dfrac{2}{3} \times \dfrac{5}{8} \div \dfrac{7}{9}$

③ $\dfrac{2}{7} \div \dfrac{5}{3} \times \dfrac{5}{8}$

④ $\dfrac{2}{5} \div \dfrac{8}{9} \times \dfrac{5}{6}$

⑤ $\dfrac{2}{9} \div \dfrac{5}{6} \div \dfrac{4}{7}$

⑥ $\dfrac{3}{8} \div \dfrac{3}{4} \div \dfrac{1}{5}$

2 計算をしましょう。

教科書 121 ページ ❹・❺

① $8 \div \dfrac{3}{5}$

② $15 \div \dfrac{10}{11}$

③ $9 \div 4\dfrac{1}{2}$

④ $2 \div \dfrac{1}{3} \div \dfrac{4}{5}$

⑤ $5 \times \dfrac{3}{7} \div \dfrac{5}{14}$

⑥ $\dfrac{3}{4} \times 5 \div \dfrac{5}{6}$

3 長さが $\dfrac{4}{5}$ m で、重さが $\dfrac{2}{3}$ kg のパイプがあります。

教科書 122 ページ ❻

① このパイプ 1 m の重さは何 kg ですか。

式

答え （   ）

② このパイプ 1 kg の長さは何 m ですか。

式

答え （   ）

ヒント ① かけ算だけの式になおして計算します。

8 分数のわり算

② 商の大きさ
③ 計算のくふう

✏️ 次の □ にあてはまる数やことば、記号を書きましょう。

🎯 **ねらい** 商とわられる数の大小関係を理解しよう。　　　　練習 **① ②** ➡️

🐾 **商とわられる数の大小関係**
⭐ わる数 > 1 のときは、商＜わられる数
⭐ わる数 ＝ 1 のときは、商＝わられる数
⭐ わる数 < 1 のときは、商＞わられる数

1 商がわられる数より大きくなるものを全て選びましょう。

ⓐ $9 \div \dfrac{3}{4}$　　　ⓘ $\dfrac{2}{5} \div \dfrac{4}{3}$　　　ⓤ $\dfrac{5}{2} \div \dfrac{5}{6}$　　　ⓔ $\dfrac{9}{7} \div \dfrac{14}{5}$

【解き方】「商＞わられる数」となるのは、わる数が 1 より ①[　　　] なるときだから、
答えは、②[　　　] と ③[　　　]。

🎯 **ねらい** 小数と分数が混じった計算ができるようにしよう。　　　　練習 **③ ④** ➡️

🐾 **小数と分数が混じった計算のしかた**
　小数を分数になおしてから計算すると、
いつでも正確に答えが求められます。

〔例〕 $\dfrac{3}{7} \times 2.3 = \dfrac{3}{7} \times \dfrac{23}{10} = \dfrac{69}{70}$

2 $1.5 \div \dfrac{2}{5}$ の計算をしましょう。

【解き方】 $1.5 \div \dfrac{2}{5} = \dfrac{①[\quad]}{10} \div \dfrac{2}{5} = \dfrac{②[\quad]}{10} \times \dfrac{5}{③[\quad]} = \dfrac{④[\quad] \times \overset{1}{5}}{\underset{2}{10} \times ⑤[\quad]} = \dfrac{⑥[\quad]}{4}$

🎯 **ねらい** 分数を使って、くふうして計算しよう。　　　　練習 **④** ➡️

　かけ算やわり算は、分数のかけ算として計算することができます。

〔例〕 $1.2 \div 0.9 \times 1.8 = \dfrac{12}{10} \div \dfrac{9}{10} \times \dfrac{18}{10} = \dfrac{12}{10} \times \dfrac{10}{9} \times \dfrac{18}{10} = \dfrac{\overset{6}{\cancel{12}} \times \cancel{10} \times \overset{2}{\cancel{18}}}{\cancel{10} \times \cancel{9} \times \underset{5}{\cancel{10}}} = \dfrac{12}{5}\left(2\dfrac{2}{5}\right)$

3 $0.4 \div 0.6 \times 2.4$ の計算をしましょう。

【解き方】
$0.4 \div 0.6 \times 2.4 = \dfrac{4}{10} \div \dfrac{6}{10} \times \dfrac{①[\quad]}{10} = \dfrac{4}{10} \times \dfrac{10}{6} \times \dfrac{24}{10} = \dfrac{\overset{2}{\cancel{4}} \times \cancel{10} \times \overset{4}{\cancel{24}}}{\cancel{10} \times \cancel{6} \times \underset{5}{\cancel{10}}} = ②[\quad]$

1 商がある数 a より大きくなるのはどれですか。ただし、a は0でない数とします。

教科書 124 ページ ①

あ $a \div \dfrac{7}{4}$　　い $a \div 1$　　う $a \div \dfrac{3}{4}$　　え $a \div 2\dfrac{1}{3}$

$(\qquad)$

2 □ にあてはまる不等号を書きましょう。

教科書 124 ページ ①

① $12 \div \dfrac{7}{5}$ □ 12　② $\dfrac{1}{3} \div \dfrac{5}{8}$ □ $\dfrac{1}{3}$　③ $\dfrac{5}{9} \div \dfrac{3}{2}$ □ $\dfrac{5}{9}$

3 計算をしましょう。

教科書 125 ページ ①

① $0.8 \times \dfrac{3}{4}$　② $1.4 \times \dfrac{5}{6}$　③ $\dfrac{7}{3} \times 0.3$

④ $\dfrac{3}{5} \div 0.9$　⑤ $\dfrac{9}{7} \div 3.6$　⑥ $4.9 \div \dfrac{21}{2}$

4 計算をしましょう。（⑤、⑥は分数の計算になおして、答えを求めましょう。）

教科書 125 ページ ①、126 ページ ②

① $\dfrac{3}{4} \times \dfrac{2}{5} \div 0.6$　② $\dfrac{7}{12} \div \dfrac{4}{5} \times 1.2$　③ $\dfrac{2}{3} \times 0.3 \div \dfrac{4}{15}$

④ $\dfrac{2}{9} \div 0.9 \div \dfrac{5}{9}$　⑤ $10 \div 12 \times 8$　⑥ $2.8 \div 0.6 \times 1.2$

ヒント ② 計算せずに、わる数が1より大きいか小さいかで考えます。

59

教科書 127〜129ページ 答え 21ページ

✏️ 次の◯にあてはまる数を書きましょう。

◎ねらい 割合を求める計算を考えよう。

練習 ①→

☆割合＝比べる量÷もとにする量

1 赤いリボンが $\frac{13}{9}$ m、白いリボンが $\frac{13}{4}$ m あります。赤いリボンの長さは、白いリボンの長さの何倍ですか。

割合は、何倍かを表す数だね。

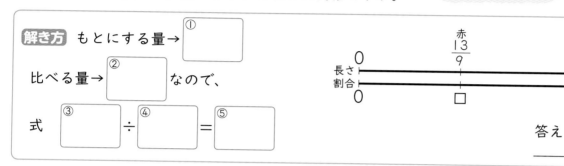

解き方 もとにする量→① ◯

比べる量→② ◯ なので、

式 ③ ◯ ÷ ④ ◯ = ⑤ ◯

答え ⑥ ◯ 倍

◎ねらい 比べる量やもとにする量を求める問題を解こう。

練習 ②③④→

☆比べる量＝もとにする量×割合

☆もとにする量＝比べる量÷割合

2 もえさんのクラスの人数は30人で、そのうち欠席した人数はクラス全体の $\frac{1}{6}$ 倍でした。欠席した人は何人ですか。

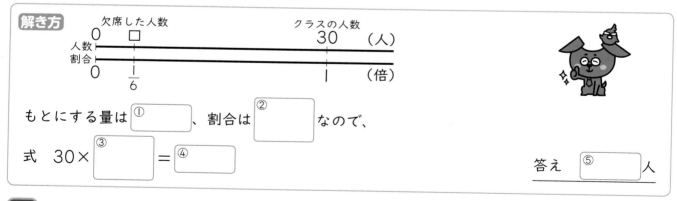

もとにする量は ① ◯ 、割合は ② ◯ なので、

式 30× ③ ◯ = ④ ◯

答え ⑤ ◯ 人

3 こずえさんの学年の男子の人数は63人です。これは、学年全体の人数の $\frac{7}{12}$ 倍です。学年全体の人数は何人ですか。

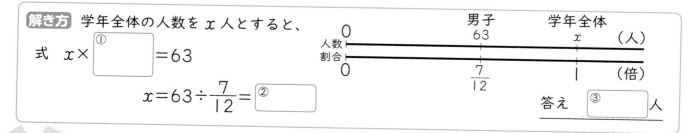

解き方 学年全体の人数を x 人とすると、

式 $x×$ ① ◯ $=63$

$x=63÷\frac{7}{12}=$ ② ◯

答え ③ ◯ 人

★ できた問題には、「た」を書こう！★

でき 1　でき 2　でき 3　でき 4

📖 教科書　127〜129 ページ　🖊 答え　21 ページ

1 A、B2本のリボンがあります。Aの長さは $\frac{2}{3}$ m、Bの長さは $\frac{7}{6}$ m です。Bの長さは、Aの長さの何倍ですか。

教科書　127ページ **1**

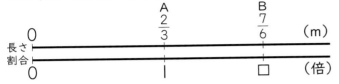

式

答え （　　　　　　）

2 かずきさんの体重は 48 kg です。弟の体重は、かずきさんの体重の $\frac{3}{4}$ 倍です。弟の体重は何 kg ですか。

教科書　128ページ **2**

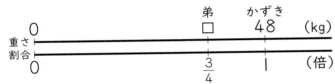

式

答え （　　　　　　）

3 定価 2500 円のかばんの値引きをして、定価の $\frac{4}{5}$ 倍の値段で売りました。売り値はいくらですか。

教科書　128ページ **2**

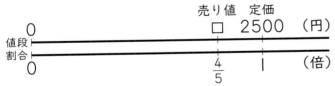

式

答え （　　　　　　）

4 青いテープは $\frac{25}{6}$ m で、赤いテープの長さの $\frac{2}{3}$ 倍です。赤いテープの長さは何 m ですか。

教科書　129ページ **3**

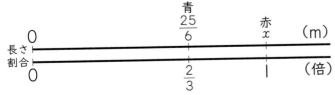

式

答え （　　　　　　）

ヒント　❸ もとにする量は 2500 円、割合は $\frac{4}{5}$ です。

ぴったり③
確かめのテスト
⑧ 分数のわり算

時間 **30** 分
／100
合格 **80** 点

教科書 **115〜131 ページ**　答え **22 ページ**

知識・技能　／68点

1　□にあてはまる数を書きましょう。
各4点、①・②は完答（8点）

① $\dfrac{1}{4} \div \dfrac{2}{7} = \dfrac{1 \times \boxed{}}{4 \times \boxed{}}$

$= \boxed{}$

② $\dfrac{4}{9} \div 0.7 = \dfrac{4}{9} \div \dfrac{7}{\boxed{}}$

$= \dfrac{4}{9} \times \boxed{}$

$= \boxed{}$

2　商が $\dfrac{3}{7}$ より大きくなるものを選び、記号で答えましょう。
(4点)

あ $\dfrac{3}{7} \div 2$　　い $\dfrac{3}{7} \div \dfrac{4}{3}$　　う $\dfrac{3}{7} \div \dfrac{1}{3}$　　え $\dfrac{3}{7} \div \dfrac{8}{3}$

$\left(\right)$

3　**よく出る**　計算をしましょう。
各4点（36点）

① $\dfrac{1}{9} \div \dfrac{4}{5}$

② $\dfrac{6}{7} \div \dfrac{2}{3}$

③ $\dfrac{3}{16} \div \dfrac{9}{20}$

④ $\dfrac{3}{5} \times \dfrac{1}{6} \div 1\dfrac{2}{5}$

⑤ $\dfrac{5}{8} \div \dfrac{5}{6} \times \dfrac{2}{7}$

⑥ $\dfrac{6}{7} \div \dfrac{3}{8} \div \dfrac{4}{9}$

⑦ $6 \div \dfrac{4}{5}$

⑧ $9 \div \dfrac{3}{5}$

⑨ $\dfrac{3}{10} \div 6 \times 2\dfrac{1}{2}$

④ よく出る 計算をしましょう。　各5点(20点)

① $0.5 \times \dfrac{5}{8}$

② $\dfrac{4}{5} \div 3.2$

③ $\dfrac{7}{4} \div \dfrac{7}{8} \times 2.5$

④ $\dfrac{6}{7} \div 1.8 \div \dfrac{2}{7}$

思考・判断・表現　／32点

⑤ よく出る $\dfrac{27}{5}$ m のテープを $\dfrac{3}{5}$ m ずつ切ると、何本できますか。　式・答え　各4点(8点)

式

答え（　　　　　）

⑥ よく出る あおいさんの学校の児童数は 750 人です。このうち、めがねをかけている人は全体の $\dfrac{3}{25}$ 倍だそうです。めがねをかけている人は何人いますか。　式・答え　各4点(8点)

式

答え（　　　　　）

⑦ こうへいさんの家の池は $\dfrac{51}{14}$ m²、ともきさんの家の池は $\dfrac{17}{7}$ m² あります。こうへいさんの家の池の面積は、ともきさんの家の池の面積の何倍ですか。　式・答え　各4点(8点)

式

答え（　　　　　）

できたらスゴイ！

⑧ 長方形の花だんがあります。縦の長さは $\dfrac{7}{2}$ m で、これは横の長さの $\dfrac{5}{12}$ 倍です。この花だんの面積は何 m² ですか。　式・答え　各4点(8点)

式

答え（　　　　　）

ふりかえり ①がわからないときは、58 ページの②にもどって確認してみよう。

付録の「計算せんもんドリル」11～19 もやってみよう！

教科書 133〜136 ページ　答え 23 ページ

✏ 次の ☐ にあてはまる数や記号を書きましょう。

🎯 **ねらい** 並べ方が何通りあるか調べられるようにしよう。　練習 ① 〜 ⑤ →

🐾 **並べ方の調べ方**

並べ方は、表や図を使って順序よく調べます。

〔例〕　A、B、Cの3つの文字の並べ方

1番目	2番目	3番目
A	B	C
A	C	B
B	A	C
B	C	A
C	A	B
C	B	A

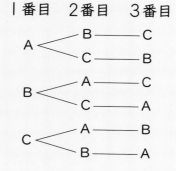

1番目がAのとき、2番目は…
と順に考えていこう。
全部で6通りだね。

答え　6通り

1 運動会で、100m競走、つな引き、き馬戦、リレーの4つの競技をします。競技を行う順番は、全部で何通りありますか。

解き方 最初に100m競走をするときに何通りあるか、表や図で調べます。

1番目	2番目	3番目	4番目
㋩	㋡	㋖	㋙
㋩	㋡	㋙	㋖
㋩	㋖	㋡	①
㋩	㋖	②	㋡
㋩	③	④	㋖
⑤	㋙	㋖	㋡

100m競走…㋩
つな引き……㋡
き馬戦………㋖
リレー………㋙
と、記号にするよ。

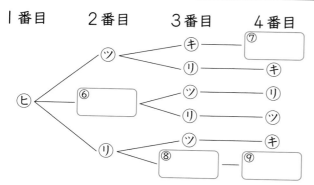

左の表や図から、最初に100m競走をするときの順番は ⑩ ☐ 通りです。

最初につな引き、き馬戦、リレーをする場合の順番も、それぞれ ⑪ ☐ 通りだから、順番の決め方は全部で

$6 × ⑫ ☐ = 24$（通り）

となります。

答え ⑬ ☐ 通り

1 あやかさん、えりなさん、しおりさんの3人が長いすにすわるとき、3人の並び方は全部で何通りありますか。

教科書 133ページ **1**

（　　　　　　　　）

2 ⓪、②、⑤の数字カードが1枚ずつあります。このカードを並べてできる3けたの整数を全て書きましょう。ただし、025などは3けたの整数ではありません。

教科書 133ページ **1**

（　　　　　　　　）

3 ①、②、③、④の数字カードが1枚ずつあります。このうちの2枚を並べてできる2けたの整数は、全部でいくつありますか。

教科書 135ページ **2**

（　　　　　　　　）

4 1枚の100円玉を2回投げます。このとき、おもてと裏の出方は全部で何通りありますか。

教科書 136ページ **3**

（　　　　　　　　）

5 1つのふくろの中に、白と黒のご石が1つずつ入っています。このふくろから、ご石を1つ取り出して、ふくろの中にもどします。これを3回くり返すとき、白と黒のご石の出方は全部で何通りありますか。

教科書 136ページ **3**

（　　　　　　　　）

ヒント　④　まず、1回目がおもての場合は何通りかを考えます。

教科書 137〜140 ページ　答え 23 ページ

✏️ 次の◯◯にあてはまる数や記号を書きましょう。

🎯 ねらい　組み合わせ方が何通りあるか調べられるようにしよう。　　練習 ① 〜 ④ ➡️

🐾 組み合わせ方の調べ方

組み合わせ方は、図や表を使って順序よく調べます。

〔例〕　赤、青、黄、緑の4枚の色紙の中から、2枚を選ぶときの組み合わせ方

	赤	青	黄	緑
赤		◯	◯	◯
青			◯	◯
黄				◯
緑				

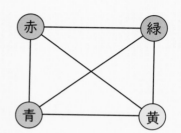

「赤と青」と「青と赤」は
同じ組み合わせだよ。
どの方法で考えても、
答えは6通りだね。

答え　6通り

1　A、B、Cの3つのチームで野球の試合をします。どのチームも、他のチームと1回ずつ試合をすることにすると、全部で何試合になりますか。

解き方　図や表を使って調べます。

A 〈 ①◯◯ / C

B 〈 A / ②◯◯

③◯◯ 〈 A / B

左の図で、B−AはA−④◯◯と同じなので消します。
他の同じ組み合わせについても、一方を消します。
残った組み合わせは、
　A−B、A−C、B−C
だから、全部で⑤◯◯試合になります。

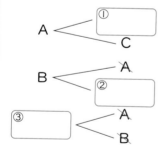

	A	B	C
A		◯	◯
B			◯
C			

左の表で、◯をつけた部分は3つあります。
これらは、それぞれA−B、A−C、B−Cを表しています。
だから、試合は全部で⑥◯◯試合です。

答え　⑦◯◯試合

ぴったり 2
練 習

学習日
月　　　日

★ できた問題には、「た」を書こう！★
 でき でき でき でき
1　　　2　　　3　　　4

教科書 137〜140 ページ　答え 24 ページ

1 　1組から4組までの4つのクラスでサッカーの試合をします。どのクラスも、他のクラスと1回ずつ試合をすることにして、全部で何試合になるかを調べました。　教科書 137 ページ **1**

① 　あゆみさんは、下のような図をかきました。同じ組み合わせを消しましょう。

```
      2                1                1                1
1 <   3        2 <     3        3 <     2        4 <     2
      4                4                4                3
```

② 　全部で何試合になりますか。

（　　　　　　　）

2 　A、B、C、D、Eの5チームでソフトボールの試合をします。どのチームも、他のチームと1回ずつ試合をすることにして、全部で何試合になるかを調べました。　教科書 137 ページ **1**

	A	B	C	D	E
A		○			
B					
C					
D					
E					

① 　右の表の続きをかきましょう。

② 　全部で何試合になりますか。

（　　　　　　　）

3 　ショートケーキ、チーズケーキ、カップケーキ、シュークリームの4種類の中から、2種類を選んで買うとき、全部で何通りの組み合わせ方があるかを調べました。　教科書 137 ページ **1**

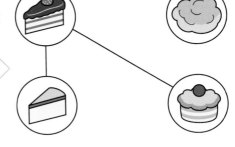

① 　右の図の続きをかきましょう。

② 　全部で何通りの組み合わせ方がありますか。

（　　　　　　　）

4 　りんご、みかん、ぶどう、なしが1つずつあります。このうち3つを選んで、果物セットを作ります。全部で何通りの作り方がありますか。　教科書 140 ページ **2**

（　　　　　　　）

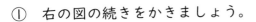 ヒント ● 「1－2」と「2－1」は同じ組み合わせです。

確かめのテスト

❾ 場合の数

📖 教科書 133〜142 ページ　✏️ 答え 24 ページ

知識・技能　　　　　　　　　　　　　　　　　／64点

1 ⑤、⑥、⑦、⑧ の数字カードが1枚ずつあります。このカードを並べて4けたの整数を作ります。

各5点(25点)

① 図の ▢ にあてはまる数を書きましょう。

② 千の位の数が5のとき、4けたの整数は何個でできますか。

（　　　　　　　）

③ 4けたの整数は、全部で何個できますか。

（　　　　　　　）

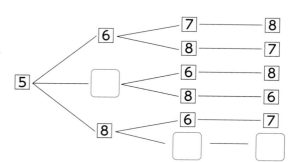

2 1組から4組までの4つのクラスで野球の試合をします。どのクラスも、他のクラスと1回ずつ試合をすることにして、組み合わせを考えました。

各5点(15点)

① 右の表や図のア、イは、それぞれどのクラスとどのクラスの試合を表していますか。

ア（　　　　　　　）

イ（　　　　　　　）

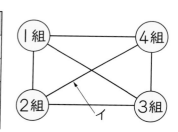

	1組	2組	3組	4組
1組		○	○	○
2組			ア○	○
3組				○
4組				

② 全部で何試合になりますか。

（　　　　　　　）

3 よく出る ⓪、③、⑤、⑨ の数字カードが1枚ずつあります。このカードを並べて3けたの整数を作ります。このとき、035などは3けたの整数ではありません。

各8点(16点)

① できる3けたの整数は、全部でいくつありますか。

（　　　　　　　）

② できる3けたの整数のうち、偶数になるのは、全部でいくつありますか。

（　　　　　　　）

④ **よく出る** 赤、青、黄、緑、ピンクの５本の色えん筆の中から、２本を使います。全部で何通りの組み合わせ方がありますか。

(8点)

(　　　　　　　)

思考・判断・表現

／36点

⑤ こうたさん、だいきさん、ゆかさん、なつきさんの男子２人、女子２人の４人が１列に並びます。

各8点(16点)

① こうたさんが先頭になる並び方は何通りありますか。

(　　　　　　　)

② 女子が先頭になる並び方は何通りありますか。

(　　　　　　　)

⑥ クレープのトッピングを考えます。右のように、フルーツとソースをそれぞれ３種類の中から１つずつ選びます。フルーツとソースの組み合わせ方は、全部で何通りありますか。

(10点)

フルーツ
バナナ
いちご
パイナップル

ソース
チョコレート
キャラメル
ブルーベリー

(　　　　　　　)

できたらスゴイ！

⑦ ５円玉、１０円玉、５０円玉、１００円玉、５００円玉が１枚ずつあります。このうち、２枚を組み合わせてできる金額を、全部書きましょう。

(10点)

(　　　　　　　　　　　　　　　　　　　)

ふりかえり ①がわからないときは、64 ページの **1** にもどって確認してみよう。

読み取る力をのばそう

どの行き方がいいかな

教科書 144〜145 ページ　答え 26 ページ

❶　町の中央駅からとなりの市の水族館へ行くのに、次の図のように、乗り物を使ったり、歩いて行ったりする方法があります。

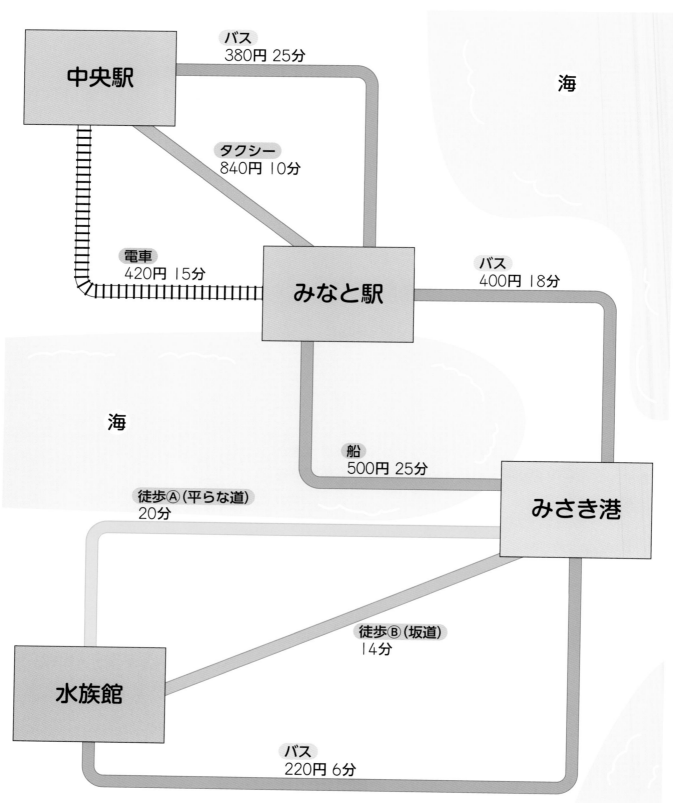

中央駅

バス
380円 25分

海

タクシー
840円 10分

電車
420円 15分

みなと駅

バス
400円 18分

海

船
500円 25分

徒歩Ⓐ（平らな道）
20分

みさき港

徒歩Ⓑ（坂道）
14分

水族館

バス
220円 6分

けんたさんの家族が、水族館への行き方を相談しています。乗り物の待ち時間は考えないものとして、次の問題に答えましょう。

① バスだけを乗りついで行くと、いくらかかって、何分で着きますか。

( )

② 一番早く着ける行き方を考えましょう。また、そのときの代金とかかる時間を求めましょう。

( )

③ 次の4人に合うような行き方を、それぞれ考えましょう。また、そのときの代金とかかる時間を求めましょう。

3種類のちがう乗り物に乗りたいな。でも、代金はなるべく安くなるようにしたいな。
お兄さん

( )

できるだけ安いほうがいいよ。歩くのはかまわないけれど、上り下りのある道は歩きたくないな。
お姉さん

( )

乗り物代は900円以内にしたいわ。その中で、できるだけ早く着く行き方をさがしましょう。
お母さん

( )

早く着けば、その分長く見学できるよ。40分以内で着いて、しかも安く行ける方法はどれかな。
お父さん

( )

10 比

① 比の表し方

教科書 147〜150 ページ ⏩ 答え 26 ページ

✏️ 次の ☐ にあてはまる数を書きましょう。

◎ねらい 比を使って割合を表すことができるようにしよう。 　　練習 ➊ ➋ ➌ →

:paw: 比

　2と3の割合を、記号「：」を使って、2：3と表します。このように表した割合を、**比**といいます。

　2：3は、「**二対三**」と読みます。

> 2：3を、
> 2と3の比とも
> いうよ。

1 はるかさんは、家で、酢を大さじ3ばい、サラダ油を大さじ5はい使ってドレッシングを作りました。家庭科の調理実習では、酢を大さじ12はい、サラダ油を大さじ20ぱい使って作りました。家と調理実習で作ったドレッシングの、酢とサラダ油の量の割合を、比で表しましょう。

解き方 ・家で作ったドレッシング

　大さじ1ぱい分を1とみると、酢の量は3、

サラダ油の量は ①☐ とみることができます。

　だから、酢とサラダ油の量の比は、

3：②☐ です。

・調理実習で作ったドレッシング

　大さじ1ぱい分を1とみると、酢の量は12、

サラダ油の量は ③☐ とみることができます。

　だから、酢とサラダ油の量の比は、

④☐ ： ⑤☐ です。

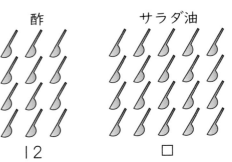

2 家庭科の調理実習でドレッシングを作るのに、酢を大さじ12はい、サラダ油を大さじ20ぱい使いました。このとき、酢とサラダ油の量の比を3：5と表しました。大さじ何ばい分を1とみたのでしょうか。

解き方 大さじ12はいを ①☐ とみているから、12÷②☐ ＝4　だから、大さじ ③☐ はい分を1とみています。

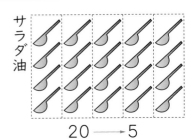

> 何を1とみるかによって、同じ割合を12：20で表したり、3：5で表したりできるんだね。

教科書 147〜150 ページ　答え 26 ページ

1 次の割合を比で表しましょう。　　　　　教科書 148ページ❶

① あめが7個、ガムが10個あるときの、あめとガムの個数の割合

（　　　　　　　　）

② 大人が15人、子どもが11人乗っているバスの、大人と子どもの人数の割合

（　　　　　　　　）

③ 縦3cm、横4cmの長方形の、縦と横の長さの割合

（　　　　　　　　）

④ 家から学校まで800m、家から駅まで1kmあるときの、学校までの道のりと駅までの道のりの割合

（　　　　　　　　）

⑤ 1Lのコーヒーと2dLの牛乳を混ぜるときの、コーヒーと牛乳の量の割合

（　　　　　　　　）

⑥ 姉の勉強時間が2時間で、妹の勉強時間が1時間20分のときの、姉と妹の勉強時間の割合

（　　　　　　　　）

2 ドーナツを作るのに、小麦粉200g、砂糖70g、バター40gを使います。次の割合を比で表しましょう。　　　　　教科書 148ページ❶

① 小麦粉と砂糖の量の割合

（　　　　　　　　）

② 砂糖とバターの量の割合

（　　　　　　　　）

3 36kgと24kgの比を次のように表しました。それぞれ何kgを1とみたのでしょうか。　　　　　教科書 149ページ❷

① 12：8　　　　　② 9：6　　　　　③ 3：2

（　　　　　）　　（　　　　　）　　（　　　　　）

ヒント ❶ ④ 1kmをmに、または、800mをkmになおしてから、比で表します。

73

ぴったり1 準備

10 比

② 等しい比

学習日　　月　　日

教科書 151～154ページ　答え 26ページ

✎ 次の◯にあてはまる数を書きましょう。

🎯 **ねらい** 比の値の意味を理解して、求められるようにしよう。

練習 ① ② ③ →

🐾 比の値

$a:b$ の比で、b をもとにしたとき、a が b の何倍かを表した数を、**比の値**といいます。

〔例〕 $4:5$ の比の値は $\dfrac{4}{5}$、$3:6$ の比の値は $\dfrac{1}{2}$

$a:b$ の比の値は
$a \div b$ で求められるよ。

🐾 等しい比

比の値が等しいとき、**比は等しい**といい、等号を使って表します。

〔例〕 $1:2$ も $3:6$ も比の値は $\dfrac{1}{2}$ だから、$1:2 = 3:6$

1 次の比の値を求めましょう。

(1)　$2:5$　　　　(2)　$8:6$

解き方 $a:b$ の比の値は $a \div b$ で求めます。

(1)　$2:5$ の比の値は、$2 \div 5 = \dfrac{\boxed{}}{5}$

(2)　$8:6$ の比の値は、$8 \div 6 = \dfrac{\boxed{①}}{6} = \dfrac{\boxed{②}}{3}$

🎯 **ねらい** 比の性質を使えるようにしよう。

練習 ④ ⑤ →

🐾 比の性質

$a:b$ の、a と b に同じ数をかけても、a と b を同じ数でわっても、比は等しくなります。

🐾 比を簡単にする

できるだけ小さな整数の比にすることを、**比を簡単にする**といいます。

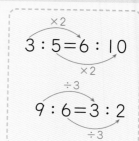

2 次の比を簡単にしましょう。

(1)　$12:18$　　　(2)　$0.5:3.5$　　　(3)　$\dfrac{4}{9}:\dfrac{2}{5}$

解き方 (1)　両方の数を6でわると、$12:18 = 2:\boxed{}$

(2)　10をかけて整数にしてから、簡単にします。$0.5:3.5 = \boxed{①}:35 = \boxed{②}:7$

(3)　45をかけて整数にしてから、簡単にします。

$\dfrac{4}{9}:\dfrac{2}{5} = \left(\dfrac{4}{9} \times 45\right):\left(\dfrac{2}{5} \times \boxed{①}\right) = 20:\boxed{②} = 10:\boxed{③}$

比の性質の例（図）

$3:5 = 6:10$ （$\times 2$）

$9:6 = 3:2$ （$\div 3$）

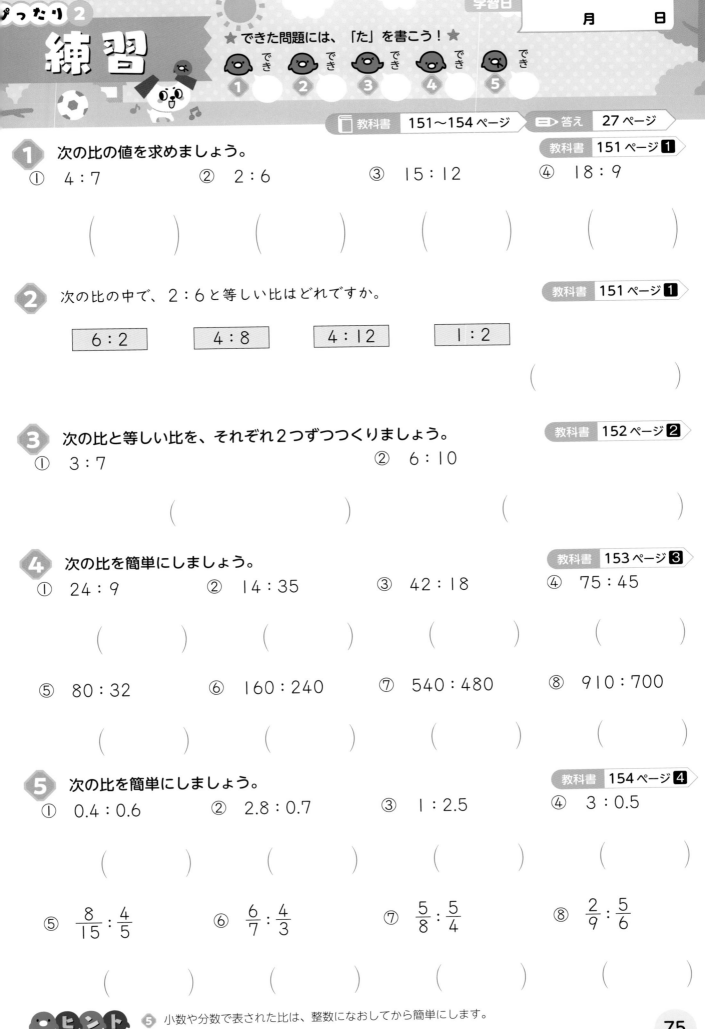

教科書 151〜154 ページ ▶ 答え 27 ページ

1 次の比の値を求めましょう。　　　　　　　　　　　　　教科書 151 ページ **1**

① 4：7　　　　② 2：6　　　　③ 15：12　　　　④ 18：9

（　　　）　　　（　　　）　　　（　　　）　　　（　　　）

2 次の比の中で、2：6と等しい比はどれですか。　　　　教科書 151 ページ **1**

6：2　　　　4：8　　　　4：12　　　　1：2

（　　　）

3 次の比と等しい比を、それぞれ2つずつつくりましょう。　教科書 152 ページ **2**

① 3：7　　　　　　　　　　　② 6：10

（　　　）　　　　　（　　　）

4 次の比を簡単にしましょう。　　　　　　　　　　　　教科書 153 ページ **3**

① 24：9　　　② 14：35　　　③ 42：18　　　④ 75：45

（　　　）　　　（　　　）　　　（　　　）　　　（　　　）

⑤ 80：32　　　⑥ 160：240　　　⑦ 540：480　　　⑧ 910：700

（　　　）　　　（　　　）　　　（　　　）　　　（　　　）

5 次の比を簡単にしましょう。　　　　　　　　　　　　教科書 154 ページ **4**

① 0.4：0.6　　　② 2.8：0.7　　　③ 1：2.5　　　④ 3：0.5

（　　　）　　　（　　　）　　　（　　　）　　　（　　　）

⑤ $\dfrac{8}{15}：\dfrac{4}{5}$　　　⑥ $\dfrac{6}{7}：\dfrac{4}{3}$　　　⑦ $\dfrac{5}{8}：\dfrac{5}{4}$　　　⑧ $\dfrac{2}{9}：\dfrac{5}{6}$

（　　　）　　　（　　　）　　　（　　　）　　　（　　　）

ヒント　⑤ 小数や分数で表された比は、整数になおしてから簡単にします。

75

🕐

10 比

③ 比の利用

📖 教科書 155〜156 ページ　➡ 答え 27 ページ

✏ 次の □ にあてはまる数や文字を書きましょう。

🎯 **ねらい** 比の一方の数量を求めることができるようにしよう。　練習 ① 〜 ⑤ ➡

🐾 **比の一方の数量の求め方**

❶
$$3 : 5 = x : 15$$
（×3）

5を3倍すると15になります。
$a : b$ の a と b に同じ数をかけてできる比は等しいという比の性質を利用して、
$x = 3 \times 3 = 9$　となります。

❷
$$24 : 20 = 6 : x$$
（÷4）

24を4でわると6になります。
$a : b$ の a と b を同じ数でわってできる比は等しいという比の性質を利用して、
$x = 20 \div 4 = 5$　となります。

1 次の式で、x にあてはまる数を求めましょう。

(1)　$5 : 8 = 25 : x$

(2)　$42 : 16 = x : 8$

解き方 (1)　$5 : 8 = 25 : x$（×5）　　$x = 8 \times$ ①□ $=$ ②□

(2)　$42 : 16 = x : 8$（÷2）　　$x = 42 \div$ ①□ $=$ ②□

2 ひかるさんとお父さんの体重の比は4：7で、お父さんの体重は63kgです。ひかるさんの体重は何kgですか。

解き方 ひかるさんの体重を x kgとして、等しい比の式を書くと、

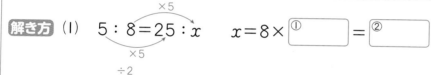

式　$4 : 7 =$ ①□ : ②□　　$x = 4 \times$ ⑤□ $=$ ⑥□
（×③□）（×④□）

答え ⑦□ kg

3 折り紙 150枚を、りほさんと妹の枚数の比が3：2になるように分けると、りほさんの枚数は何枚ですか。

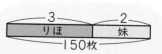

りほさんの枚数と折り紙150枚の比は、
3：(3＋2)＝3：5となるよ。

解き方 りほさんの折り紙の枚数を x 枚とすると、

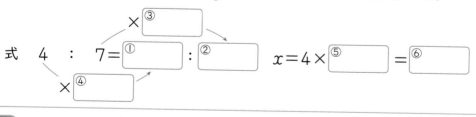

式　$3 :$ ①□ $= x : 150$　　$x = 3 \times$ ②□ $=$ ③□
（×30）

答え ④□ 枚

教科書 155〜156 ページ ＞ 答え 27 ページ

1 x にあてはまる数を求めましょう。

教科書 155 ページ 1

① $5：2＝x：10$

② $8：3＝48：x$

（　　　　　）

（　　　　　）

③ $24：32＝x：4$

④ $x：9＝56：63$

（　　　　　）

（　　　　　）

2 ほのかさんのクラスで動物を飼っている人と飼っていない人の人数の比は５：４です。動物を飼っている人は 20 人です。動物を飼っていない人は何人ですか。
教科書 155 ページ 1

式

答え（　　　　　）

3 縦と横の長さの比が３：７の長方形があります。横の長さは 21 cm です。
縦の長さは何 cm ですか。　　教科書 155 ページ 1

式

答え（　　　　　）

4 しょうたさんは、弟とお金を出し合って 5400 円のゲームソフトを買うことにしました。しょうたさんと弟が出す金額の比を５：４にすると、それぞれが出す金額は何円になりますか。
式
教科書 156 ページ 2

答え　しょうたさん（　　　　　）　弟（　　　　　）

5 180 cm のリボンを、長さの比が２：３になるように切ります。短いほうのリボンは
何 cm になりますか。　　教科書 156 ページ 2

式

答え（　　　　　）

ヒント　④ しょうたさんの金額を５、弟の金額を４とみると、ゲームソフトの 5400 円は ５＋４＝９ とみることができます。

77

知識・技能 　 ／70点

① 次の割合を比で表しましょう。 各5点(10点)
① 5と14の割合 　 ② 15cm と 22cm の長さの割合

(　　　　　) 　 (　　　　　)

② よく出る 次の比の値を求めましょう。 各5点(10点)
① 3：5 　 ② 36：9

(　　　　　) 　 (　　　　　)

③ よく出る 次の比の中で、6：8と等しい比はどれですか。全て書きましょう。 (5点)

8：10 　 3：4 　 18：24 　 2：3

(　　　　　)

④ よく出る 15：12と等しい比を2つつくりましょう。 (5点)

(　　　　　)

⑤ よく出る 次の比を簡単にしましょう。 各5点(20点)
① 45：27 　 ② 240：300

(　　　　　) 　 (　　　　　)

③ 0.6：1.8 　 ④ $\frac{6}{7}：\frac{4}{5}$

(　　　　　) 　 (　　　　　)

6 よく出る x にあてはまる数を求めましょう。　　　　　　　　　　各5点(20点)

①　$2:9=12:x$

②　$3:8=x:40$

(　　　　　　)

(　　　　　　)

③　$27:36=3:x$

④　$x:3=56:24$

(　　　　　　)

(　　　　　　)

思考・判断・表現　　　　　　　　　　　　　　　　　　　　　　／30点

7 よく出る 横の長さと縦の長さの比が7：5になっている長方形の紙があります。
横の長さが 35 cm のとき、縦の長さは何 cm になりますか。　式・答え　各5点(10点)

式

答え (　　　　　　)

できたらスゴイ！

8 りょうさんとなおとさんの走る速さの比は8：7です。2人で100 m 競走をしました。
りょうさんがゴールに着いたとき、なおとさんは何 m 後ろにいましたか。　式・答え　各5点(10点)

式

答え (　　　　　　)

9 はるかさんは、ミルクとコーヒーを混ぜて 750 mL のミルクコーヒーを作ることに
しました。ミルクとコーヒーの量の比を2：3にすると、それぞれ何 mL 必要ですか。
　　　　　　　　　　　　　　　　　　　　　　　　　　　　式・答え　各5点(10点)

式

答え　ミルク (　　　　　　)　　　コーヒー (　　　　　　)

 ① がわからないときは、72 ページの ① にもどって確認してみよう。

3分でまとめ

① 拡大図と縮図

📖 教科書 162〜165 ページ　➡ 答え 29 ページ

✏️ 次の ▢ にあてはまる数や記号を書きましょう。

◎ねらい　拡大図や縮図の意味がわかるようにしよう。

練習 ①②③→

🐾 拡大図と縮図

　対応する角の大きさがそれぞれ等しく、対応する辺の長さの比が全て等しくなるようにのばした図を**拡大図**といい、縮めた図を**縮図**といいます。

〔例〕
あはいの2倍の拡大図
いはあの$\frac{1}{2}$の縮図

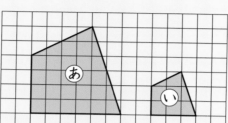

対応する辺の長さが2倍だから、あをいの2倍の拡大図といい、対応する辺の長さが$\frac{1}{2}$だから、いをあの$\frac{1}{2}$の縮図というよ。

1 右のあ〜えの三角形を見て答えましょう。

(1)　あの拡大図になっているものを選びましょう。

(2)　(1)の拡大図はあの何倍の拡大図ですか。

解き方 (1)　対応する辺の長さの比が、どれも

1：▢① で、対応する角の大きさがそれぞれ等しいから、▢② はあの拡大図です。

(2)　えの辺の長さは、対応するあの辺の長さの

▢① 倍になっているので、えはあの

▢② 倍の拡大図です。

2 右の三角形DEFは、三角形ABCの縮図です。

(1)　辺ACに対応する辺はどれですか。

(2)　対応する辺の長さの比を求めましょう。

(3)　三角形DEFは、三角形ABCの何分の一の縮図ですか。

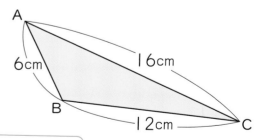

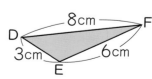

解き方 (1)　辺ACに対応する辺は、辺▢ です。

(2)　辺ABと辺DEの長さの比は、6：3＝▢①：1

対応する辺の長さの比は、どれも▢②：1です。

(3)　(2)より、三角形DEFは三角形ABCの▢ の縮図です。

ぴったり2
練習

学習日　　　月　　　日

★ できた問題には、「た」を書こう！★
😀 でき　😀 でき　😀 でき
①　　　②　　　③

📖 教科書　162〜165 ページ　　📄 答え　29 ページ

1　下の図で、あの台形の拡大図になっているものは、い〜おのうちどれですか。また、それはあの何倍の拡大図ですか。

📖 教科書　163ページ **1**

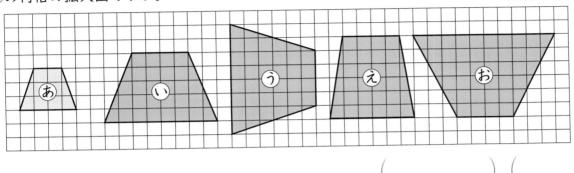

（　　　　　）（　　　　　　）倍

2　下の図で、あの長方形の拡大図になっているものは、い〜えのうちどれですか。また、それはあの何倍の拡大図ですか。

📖 教科書　163ページ **1**

（　　　　　）（　　　　　　）倍

3　右の四角形ＥＦＧＨは、四角形ＡＢＣＤの縮図です。

📖 教科書　164ページ **2**

① 角Ｄに対応する角はどれですか。

（　　　　　　）

② 辺ＡＢに対応する辺はどれですか。

（　　　　　　）

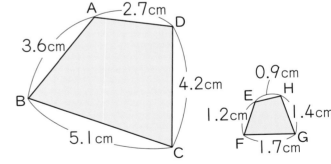

③ 四角形ＡＢＣＤと四角形ＥＦＧＨの、対応する辺の長さの比を求めましょう。

（　　　　　　）

④ 四角形ＥＦＧＨは、四角形ＡＢＣＤの何分の一の縮図ですか。

（　　　　　　）

🐶 ヒント　② 対応する辺の長さを調べます。

② 拡大図と縮図のかき方

教科書 166〜169ページ　答え 29ページ

✎ 次の □ にあてはまる数や記号を書きましょう。

◎ねらい　方眼を使って、拡大図や縮図をかけるようにしよう。　練習 ①→

🐾 拡大図や縮図のかき方(1)

　拡大図や縮図は、方眼を使って
かくことができます。

〔例〕

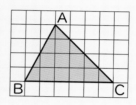

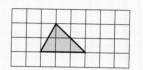

三角形 ABCの $\frac{1}{2}$ の縮図

1　方眼を使って、下の三角形ABCを2倍に拡大した
三角形DEFをかきましょう。

解き方　それぞれの辺の長さが
□ 倍になるように、方
眼を数えながら、頂点Dや頂
点Fをとります。

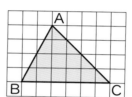

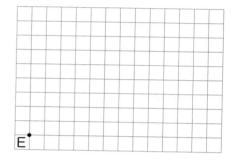

◎ねらい　辺の長さや角の大きさを使って、拡大図や縮図をかけるようにしよう。　練習 ②③→

🐾 拡大図や縮図のかき方(2)

　三角形の拡大図や縮図は、辺の長さや
角の大きさを使ってかくことができます。
使う角や辺は、右の3通りです。

3つの辺の長さ

2つの辺の長さと
その間の角の大きさ

1つの辺の長さと
その両はしの2つ
の角の大きさ

🐾 拡大図や縮図のかき方(3)

　三角形や四角形の拡大図や縮図は、右
の図のように、1つの頂点を中心にして、
辺や対角線をのばしてかくことができま
す。

四角形GBEFは、
四角形ABCDの
2倍の拡大図

2　右の三角形ABCの2倍の拡大図ADEをかきましょう。

解き方　辺ABとBDの長さが等しくなるように、
頂点Dをとります。次に辺 □ とCEの
長さが等しくなるように頂点Eをとり、頂点D
とEをつなぎます。

教科書　166〜169 ページ　　　答え　30 ページ

① 次の図の $\frac{1}{2}$ の縮図と、2倍の拡大図をかきましょう。　教科書　166 ページ **1**

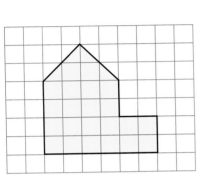

$\frac{1}{2}$ の縮図

2倍の拡大図

ものさしを使って
きちんとかこう。

② 必要な辺の長さをはかって、下の三角形ＡＢＣの $\frac{1}{2}$ の縮図と2倍の拡大図をかきましょう。

教科書　167ページ **2**

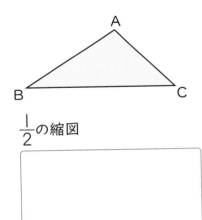

2倍の拡大図

$\frac{1}{2}$ の縮図

③ 下の四角形の 1.5 倍の拡大図と $\frac{1}{3}$ の縮図をかきましょう。　教科書　169ページ **3**

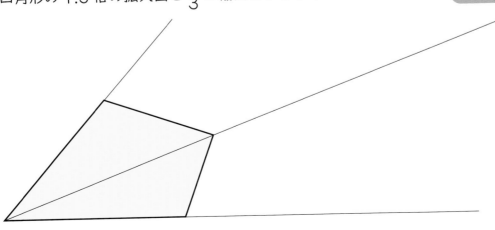

教科書 170〜173ページ　答え 31ページ

✏️ 次の◯◯にあてはまる数を書きましょう。

🐾 ねらい　縮尺を求めたり、使ったりできるようにしよう。　練習 ❶ ❷ ❸ →

🐾 縮尺

実際の長さを縮めた割合を、**縮尺**といいます。縮尺には、右のような表し方があります。

$\dfrac{1}{1000}$

実際の長さを $\dfrac{1}{1000}$ に縮めている

1：1000

縮図上の長さと、実際の長さの比が 1：1000

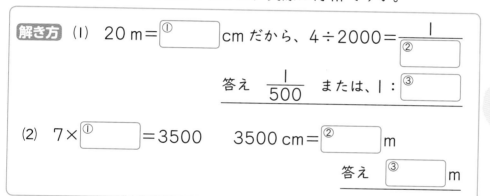

縮図上での、この太線の長さが、実際は 50 m

---

1 実際には 20 m の長さが、縮図上では 4 cm になっています。

(1) この縮図の縮尺を求めましょう。

(2) この縮図上で 7 cm の長さは、実際は何 m ですか。

解き方 (1)　20 m ＝ ◯① ◯ cm だから、4÷2000 ＝ $\dfrac{1}{◯②}$

　　　　　答え $\dfrac{1}{500}$　または、1：◯③

(2)　7×◯① ◯ ＝3500　　3500 cm ＝ ◯② ◯ m

　　　　　　　　　　　　　　　答え ◯③ ◯ m

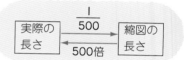

実際の長さ ←→ $\dfrac{1}{500}$ 縮図の長さ　500倍

🐾 ねらい　縮図を利用して、実際の長さを求めることができるようにしよう。　練習 ❹ →

🐾 実際の長さの求め方

はかりにくいところの長さを、縮図を使って求めることができます。縮図の長さをはかり、縮尺を使って計算します。

2 高さ 2 m の棒のかげの長さが 3 m でした。同じ時刻に、木のかげの長さをはかったら 18 m でした。

(1) 右の図で、三角形ＡＢＣは、三角形ＤＥＦの何分の一の縮図になっていますか。

(2) 木の実際の高さは何 m ですか。

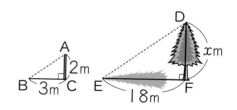

解き方 (1)　18 m のかげが、縮図（三角形ＡＢＣ）では ◯① ◯ m だから、

　　　◯② ◯ ÷18 ＝ $\dfrac{1}{◯③}$　　　　　答え ◯④

(2)　x ＝ ◯① ◯ ×6 ＝ ◯②　　　　答え ◯③ ◯ m

教科書 170〜173 ページ　答え 31 ページ

1 $\dfrac{1}{1000}$ の縮尺で縮図をかきます。

教科書 170 ページ **1**

① 実際の長さが 60 m のものは、縮図上では何 cm で表されますか。

（　　　　　）

② 縮図上で 2.5 cm の長さは、実際は何 m ですか。

（　　　　　）

2 □ にあてはまる数を書きましょう。

教科書 170 ページ **1**

実際の長さ	150 m	□ km	500 m
縮　尺	1 : □	$\dfrac{1}{25000}$	$\dfrac{1}{10000}$
縮図上の長さ	3 cm	20 cm	□ cm

3 右の図は、学校のしき地の縮図です。ADの実際の長さは 120 m で、縮図では 6 cm になっています。

教科書 170 ページ **1**

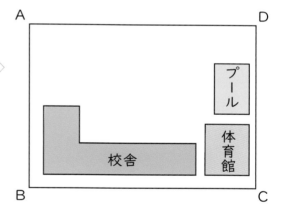

① この縮図の縮尺を求めましょう。

（　　　　　）

② 右の縮図の辺ABの長さをはかって、実際の長さを求めましょう。

（　　　　　）

4 90 cm の棒のかげが 150 cm のとき、木のかげが 12 m でした。

教科書 172 ページ **2**

① 右の図で、三角形ABCは、三角形DEFの何分の一の縮図になっていますか。

（　　　　　）

② 木の実際の高さは何 m ですか。

（　　　　　）

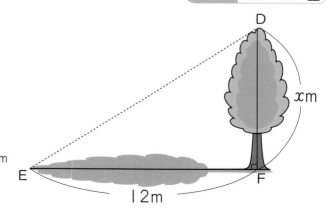

 ヒント　④ 辺BCに対応する辺は辺EFです。

85

⑪ 拡大図と縮図

知識・技能

／80点

1 よく出る 下の図で、拡大図、縮図の関係になっているのはどれとどれか、2組選んで答えましょう。

各6点(12点)

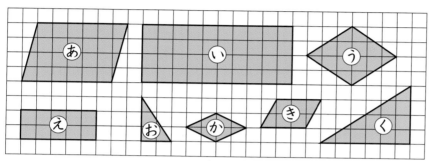

（　　　と　　　）、（　　　と　　　）

2 右の三角形ＤＥＦは、三角形ＡＢＣの拡大図です。

各6点(18点)

① 角Ｃに対応する角はどれですか。

（　　　　　　　）

② 辺ＡＢに対応する辺はどれですか。

（　　　　　　　）

③ 三角形ＤＥＦは、三角形ＡＢＣの何倍の拡大図ですか。

（　　　　　　　）

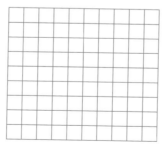

3 よく出る ①は $\frac{1}{2}$ の縮図を、②は2倍の拡大図をかきましょう。

各8点(16点)

①

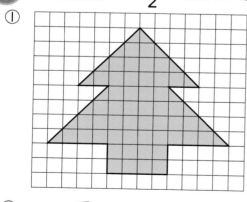

②

④ 下の三角形の3倍の拡大図と $\frac{1}{2}$ の縮図をかきましょう。

各8点(16点)

この本の終わりにある「冬のチャレンジテスト」をやってみよう！

⑤ [　] にあてはまる数を書きましょう。

各6点(18点)

実際の長さ	50 m	1 km	[　] km
縮尺	1 : [　]	$\frac{1}{50000}$	$\frac{1}{1000}$
縮図上の長さ	25 cm	[　] cm	20 cm

思考・判断・表現　　／20点

⑥ $\frac{1}{1000}$ の縮図で 10 cm で表される長さは、縮尺 $\frac{1}{25000}$ の地図では何 cm で表されますか。

(6点)

(　　　　　　)

できたらスゴイ！

⑦ 下のように、池のまわりにA、B、Cの3つの地点があります。

各7点(14点)

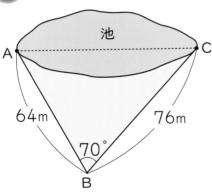

① 三角形ABCの $\frac{1}{2000}$ の縮図をかきましょう。

② ①でかいた縮図を利用して、AC間の実際のきょりを求めましょう。

(　　　　　　)

ふりかえり　①がわからないときは、80ページの①にもどって確認しよう。

3分でまとめ

⑫ 比例と反比例

① 比例

📖 教科書 **181〜187ページ** ✏ 答え **33ページ**

🖊 次の◯◯にあてはまる数やことば、記号を書きましょう。

🎯 **ねらい** 比例の意味や性質について理解しよう。

練習 ➊ ➋ ➌ →

🐾 **比例の意味**

2つの量 x と y があって、x の値が2倍、3倍、…になると、それにともなって y の値も2倍、3倍、…になるとき、y は x に **比例** するといいます。

🐾 **比例の性質**

⭐ y が x に比例するとき、x の値が $\frac{1}{2}$ 倍、$\frac{1}{3}$ 倍、…になると、それにともなって、y の値も $\frac{1}{2}$ 倍、$\frac{1}{3}$ 倍、…になります。

⭐ y が x に比例するとき、x の2つの値の割合と、それに対応する y の2つの値の割合は等しくなります。

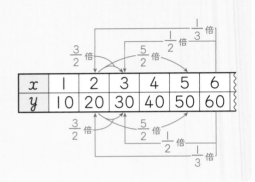

1 1m が 50 円のリボンの長さと代金の関係を、表に表して調べましょう。

解き方

長さ x(m)	1	2	3	4	5	6
代金 y(円)	50	100	150	①	②	③

長さ(x m)が2倍、3倍、……になると、代金（y 円）も ④◯◯◯ 倍、⑤◯◯◯ 倍、……となるので、y は x に ⑥◯◯◯ しているといえます。

2 次の2つの量が比例しているかどうかを調べましょう。

ⓐ 正三角形の1辺の長さ x cm とまわりの長さ y cm

ⓘ まわりの長さが 20 cm の長方形の、縦の長さ x cm と横の長さ y cm

解き方 ⓐ

1辺の長さ x(cm)	1	2	3	4
まわりの長さ y(cm)	3	6	①	②

ⓘ

縦の長さ x(cm)	1	2	3	4
横の長さ y(cm)	9	8	③	④

表をつくって調べてみよう。

上の表から、2つの量が比例しているのは、⑤◯◯◯ です。

教科書 181〜187 ページ ▷ 答え 33 ページ

1 次の2つの量の関係について調べましょう。

教科書 184 ページ ❷

 ⓐ 面積が 100 cm² の長方形の、縦の長さ x cm と横の長さ y cm

 ⓘ 正方形の1辺の長さ x cm と面積 y cm²

 ⓤ 1日のうちの昼の時間の長さ x 時間と夜の時間の長さ y 時間

 ⓔ 円の直径 x cm とまわりの長さ y cm

x を2倍、3倍、……にすると、
y も2倍、3倍、……になっているかな？

① 一方の量が増えると、それにともなってもう一方の量も
増えるのはどれですか。

(　　　　　　)

② 2つの量が比例しているのはどれですか。

(　　　　　　)

2 時速4km で歩くときの、時間と道のりを調べました。

教科書 184 ページ ❷

時間（時間）	1	2	3	4	5	6
道のり（km）	4	8	12	ⓐ	ⓘ	ⓤ

① 表のⓐ〜ⓤにあてはまる数を書きましょう。

② 時間を x 時間、道のりを y km としたとき、x の値が2倍、3倍、……になると、y の値は
どのように変わりますか。

(　　　　　　　　　　　)

③ x の値が $\frac{1}{2}$ 倍、$\frac{1}{3}$ 倍、……になると、y の値はどのように変わりますか。

(　　　　　　　　　　　)

3 次の表は、ある自動車が使うガソリンの量 x L と、走る道のり y km の関係を表したものです。

教科書 186 ページ ❸

ガソリンの量 x（L）	1	2	3	4	5	6
走る道のり y（km）	8	16	24	32	40	48

① x の値が2から3に変わるとき、x の値は何倍になりますか。

(　　　　　　)

② ①のとき、対応する y の値は何倍になりますか。

(　　　　　　)

ぴったり① 準備

⑫ 比例と反比例
② 比例の式
③ 比例のグラフ

学習日

月　日

📖 教科書 188〜193 ページ　✏️ 答え 33 ページ

✏️ 次の◻︎にあてはまる数やことばを書きましょう。

◎ねらい　比例の式の特ちょうを理解しよう。　　　　　練習❶➡

🐾 比例の式

y が x に比例するとき、x の値でそれに対応する y の値をわった商は、いつも決まった数になります。

$y \div x =$ 決まった数
$y =$ 決まった数 $\times x$

決まった数は、「$y \div x$ の商」であり、「x が１のときの y の値」であり、「x の値が１増えるときの y の値の増える量」でもあるよ。

1 時速 40 km で走る自動車があります。

(1)　走った時間を x 時間、進んだ道のりを y km として、x と y の関係を表に表しましょう。

(2)　x と y の関係を式に表しましょう。

解き方 (1)

走った時間と道のり

時間 x（時間）	1	2	3	4	5
道のり y（km）	40	①	120	②	200
y を x でわった商	40	③	40	④	40

(2)　(1)の表から、y の値を x の値でわった商は、いつも ◻︎① なので、決まった数は ◻︎② です。だから、$y =$ ◻︎③ $\times x$ という式になります。

◎ねらい　比例のグラフの特ちょうを理解し、グラフがかけるようにしよう。　練習❷➡

🐾 比例のグラフ　　０の点を通る直線になります。
　　　　　　　→縦の軸と横の軸が交わった点

🐾 比例のグラフのかき方
❶　x の値と y の値の組を表す点をグラフに表す。
❷　それらの点と０の点を直線で結ぶ。

０の点を通らないグラフは、比例を表してはいないんだね。

2 **1** の x と y の関係を表すグラフのかき方を考えましょう。

解き方 グラフに、上の表の、x の値と y の値の組を表す点をとります。

　０時間のとき、道のりは ◻︎① km だから、

◻︎② の点をとります。

　とった点を ◻︎③ で結ぶと、右のような
グラフになります。

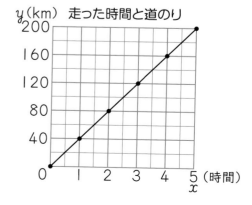

y（km）走った時間と道のり

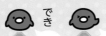
教科書 188〜193 ページ　　答え 33 ページ

1 正五角形の1辺の長さを x cm、まわりの長さを y cm とします。

教科書 188ページ **1**

正五角形の1辺の長さとまわりの長さ

1辺の長さ x(cm)	1	2	3	4	5	6
まわりの長さ y(cm)	5	10				

① 表のあいているところに、まわりの長さを書き入れましょう。

② y は x に比例していますか。

（　　　　　　　　　　）

決まった数は
正五角形の何
かな？

③ x と y の関係を、$y＝$決まった数$×x$　の形の式に表しましょう。
また、決まった数は何を表していますか。

式（　　　　　　　　　）（　　　　　　　　　　）

④ 1辺の長さが 30 cm のときのまわりの長さを求めましょう。

式

答え（　　　　　　　　）

2 水そうに1分間に3L ずつ水をためています。

教科書 191ページ **1**

① ためた時間を x 分、たまった水の量を y L として、x と y の関係を式に表しましょう。

（　　　　　　　　　　　　　　）

② x の値を変えたときの y の値を、下の表に書き入れましょう。

ためた時間と水の量

時間 x(分)	0	1	2	3	4	5	6
水の量 y(L)	0	3					

③ x と y の関係をグラフに表しましょう。

④ グラフから、次の水の量や時間を求めましょう。

　あ　9分後の水の量

（　　　　　　　　）

　い　30L の水をためるのにかかる時間

（　　　　　　　　）

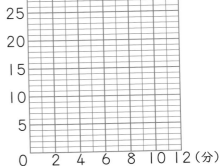

y(L) ためた時間と水の量

30
25
20
15
10
5
0　2　4　6　8　10 12 (分)
x

ヒント　**2** ③ 表の縦に並んだ x の値と y の値の組を表す点を、グラフに表します。

3分でまとめ

12 比例と反比例

④ 反比例

教科書 195〜197 ページ　答え 34 ページ

次の □ にあてはまる数やことば、記号を書きましょう。

🎯 ねらい　反比例の意味を理解しよう。

練習 ①②③→

🐾 反比例の意味

★ 2つの量 x と y があって、x の値が2倍、3倍、4倍、……になると、それにともなって、y の値が $\frac{1}{2}$ 倍、$\frac{1}{3}$ 倍、$\frac{1}{4}$ 倍、……になるとき、y は x に **反比例** するといいます。

x	1	2	3	4
y	12	6	4	3

★ y が x に反比例するとき、x の値が $\frac{1}{2}$ 倍、$\frac{1}{3}$ 倍、$\frac{1}{4}$ 倍、……になると、それにともなって、y の値は2倍、3倍、4倍、……になります。

x	1	2	3	4
y	12	6	4	3

1 面積が 18 cm² の長方形の横の長さを x cm、縦の長さを y cm として、x と y の関係を、表に表して調べましょう。

解き方

横の長さ x（cm）	1	2	3	4	5	6
縦の長さ y（cm）	18	①	②	③	3.6	3

x が2倍、3倍、4倍、……になると、y は ④ □ 倍、⑤ □ 倍、⑥ □ 倍、……になるので、y は x に ⑦ □ しています。

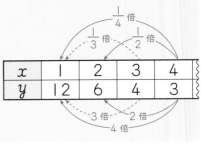

2 y が x に反比例しているのはどちらですか。

㋐　1000 円持っていたときの、使ったお金 x 円と残りのお金 y 円

㋑　60枚の色紙を同じ数ずつ分けたときの、人数 x 人と1人分の枚数 y 枚

解き方

㋐
使ったお金 x（円）	100	200	300	400	500
残りのお金 y（円）	900	①	②	600	500

㋑
人数 x（人）	1	2	3	4	5
1人分の枚数 y（枚）	60	③	④	15	12

上の表から、y が x に反比例しているのは ⑤ □ です。

ぴったり 2
練習

★ できた問題には、「た」を書こう！★
でき ① でき ② でき ③

学習日　　月　　日

教科書 195〜197 ページ ▷ 答え 34 ページ

1 次の 2 つの量の関係について調べましょう。 教科書 195 ページ **1**

　あ　買い物をして 500 円玉を出したときの、代金 x 円とおつり y 円

　い　縦の長さが 5 cm の長方形の、横の長さ x cm と面積 y cm²

　う　1500 mL のジュースを等分するときの、人数 x 人と 1 人分のジュースの量 y mL

　え　10 km 走るとき、走った道のり x km と残りの道のり y km

① 一方の量が増えると、それにともなってもう一方の量が減るのはどれですか。

（　　　　　　）

x が 2 倍、3 倍になるとき、y はどうなっているかな。

② y が x に反比例しているのはどれですか。

（　　　　　　）

2 面積が 12 cm² の三角形の底辺の長さ x cm と、高さ y cm の関係を調べましょう。

教科書 195 ページ **1**

底辺の長さ x(cm)	1	2	3	4	5	6
高さ y(cm)	24	12	あ	い	う	4

12cm²
$y$cm
$x$cm

① 表のあ〜うにあてはまる数を書きましょう。

② 底辺の長さ x cm が 2 倍、3 倍、4 倍、……になると、それにともなって、高さ y cm はどのように変わりますか。

（　　　　　　）

③ 底辺の長さ x cm が $\frac{1}{2}$ 倍、$\frac{1}{3}$ 倍、$\frac{1}{4}$ 倍、……になると、それにともなって、高さ y cm はどのように変わりますか。

（　　　　　　）

④ 高さ y cm は、底辺の長さ x cm に反比例していますか。

（　　　　　　）

3 90 km はなれたところへ行くときの、時速 x km とかかる時間 y 時間の関係を調べましょう。

教科書 195 ページ **1**

時速 x(km)	1	2	3	4	5	6
かかる時間 y(時間)	あ	い	う	22.5	18	15

① 表のあ〜うにあてはまる数を書きましょう。

② かかる時間 y 時間は、時速 x km に反比例していますか。

（　　　　　　）

ヒント　**3** x に数をあてはめて、y の値を考えてみましょう。

12 比例と反比例

⑤　反比例の式
⑥　反比例のグラフ

📖 教科書 | 198〜200 ページ　　✏️ 答え | 34 ページ

✏️ 次の ⬜ にあてはまる数や文字を書きましょう。

🎯 **ねらい**　反比例の式の特ちょうを理解しよう。　　練習 ① ② →

🐾 **反比例の式**

y が x に反比例するとき、x の値とそれに対応する y の値の積は、いつも決まった数になります。

だから、x と y の関係は次のような式で表せます。

$x \times y =$ 決まった数　　または、　**$y =$ 決まった数 $\div x$**

1 12 km はなれたところへ行くときの、時速 x km とかかる時間 y 時間の関係を調べます。

(1)　x と y の関係を表に表しましょう。

(2)　x と y の関係を式に表しましょう。

解き方 (1)

時速 x (km)	1	2	3	4	5	6	…	12
かかる時間 y (時間)	12	6	①	②	2.4	2	…	1
x と y の積	12	12	③	④	12	12	…	12

(2)　(1)の表から、x の値とそれに対応する y の値の積は、いつも ⬜① なので、決まった

数は ⬜② です。だから、x と y の関係を表す式は、

$x \times$ ⬜③ $=$ ⬜④

🎯 **ねらい**　反比例のグラフの特ちょうを理解し、グラフがかけるようにしよう。　練習 ① ② →

🐾 **反比例のグラフ**

反比例のグラフは直線になりません。

0の点は通りません。

2 **1** の x と y の関係を表すグラフをかきましょう。

解き方 (1)　表をつくります。

(2)　x と y の値の組を表す点をとります。

(3)　とった点を結んでグラフをかきます。

x が 1.5 のときの y の値などを計算して求めると、グラフがかきやすくなるよ。

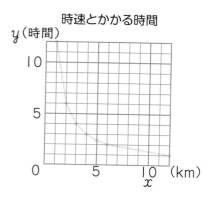

時速とかかる時間

★ できた問題には、「た」を書こう！ ★

でき ① でき ②

教科書 198〜200 ページ ▷ 答え 35 ページ

1 面積が 6cm² の平行四辺形があります。この平行四辺形の底辺の長さ x cm と高さ y cm の関係を調べましょう。

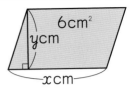

教科書 198 ページ **1** 、200 ページ **1**

底辺の長さ x(cm)	1	2	3	4	5	6
高さ y(cm)	㋐	㋑	㋒	1.5	1.2	1

① 表の㋐〜㋒にあてはまる数を書きましょう。

② 底辺の長さ x cm と高さ y cm の関係を式に表しましょう。

（　　　　　　　　　　　　）

③ 底辺の長さ x cm と高さ y cm の関係をグラフに表しましょう。

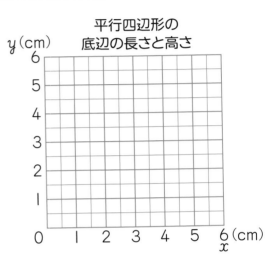

平行四辺形の
底辺の長さと高さ

2 浴そうに 24 L の水を入れるときの、1分間に入れる水の量 x L と、かかる時間 y 分の関係を調べましょう。

教科書 198 ページ **1** 、200 ページ **1**

1分間に入れる水の量 x(L)	1	2	3	4	…	6	…	8	…	12	…	24
かかる時間 y(分)	24	㋐	㋑		…	6	…	4	…	3	…	1

① 表の㋐〜㋒にあてはまる数を書きましょう。

② 1分間に入れる水の量 x L とかかる時間 y 分の関係を式に表しましょう。

（　　　　　　　　　　　　）

③ 1分間に入れる水の量 x L とかかる時間 y 分の関係をグラフに表しましょう。

y（分）1分間に入れる水の量とかかる時間

ヒント ❶ ② x が4のとき y は 1.5 だから、決まった数は 4×1.5＝6 です。

教科書 181〜202 ページ　答え 35 ページ

知識・技能　　　　　　　　　　　　　　　　　　　　　　／70点

❶ よく出る 次のあ〜おで、2つの量が比例するものには○を、反比例するものには△を、どちらでもないものには×を、（　）の中に書きましょう。　　　各4点(20点)

あ　1個50円のあめを買うときの、個数 x 個と代金 y 円

（　　　　　　）

い　お父さんの年れい x さいと、お母さんの年れい y さい

（　　　　　　）

う　毎日本を10ページずつ読むときの、読んだ日数 x 日と読み終えたページ数 y ページ

（　　　　　　）

え　立方体の、1辺の長さ x cm と体積 y cm³

（　　　　　　）

お　面積が30 cm² の長方形の、縦の長さ x cm と横の長さ y cm

（　　　　　　）

❷ よく出る 1Lのガソリンで8km走る自動車があります。使ったガソリンの量を x L、走った道のりを y km とします。　　　各4点(20点)

① y は x に比例していますか。それとも反比例していますか。

（　　　　　　　　　）

② x と y の関係を式に表しましょう。

（　　　　　　　　　）

③ x の値が6、8のときの y の値を求めましょう。

6のとき（　　　　　　）

8のとき（　　　　　　）

④ x と y の関係をグラフに表しましょう。

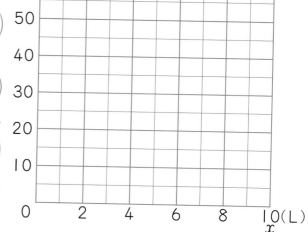

ガソリンの量と走る道のり

3 よく出る 面積が 12 cm² の長方形の縦の長さを x cm、横の長さを y cm として、x と y の関係を調べます。

各5点（30点）

縦の長さ x(cm)	1	2	3	4	…	6	…	12
横の長さ y(cm)	12	ⓐ	ⓘ		3	…	2	…	ⓤ

① 表のⓐ～ⓤにあてはまる数を書きましょう。

② 横の長さ y cm は、縦の長さ x cm に比例していますか。それとも反比例していますか。

（　　　　　　　　　　　）

③ x と y の関係を式に表しましょう。

（　　　　　　　　　　　）

④ x と y の関係をグラフに表しましょう。

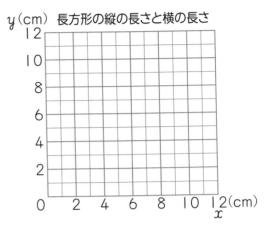

y(cm)　長方形の縦の長さと横の長さ

思考・判断・表現　　　　　　　　　　／30点

4 同じ種類のくぎが 180 本必要です。12 本のくぎの重さをはかったら、35 g でした。このくぎ 180 本の重さは何 g になりますか。

式・答え　各5点（10点）

式

答え（　　　　　　　　　　　）

5 次のグラフは、AとBの2つの針金の長さと重さの関係を表したものです。

各5点（20点）

① どちらが重い針金だといえますか。

（　　　　　　　　　　　）

② Aの針金3mの重さは何gですか。

（　　　　　　　　　　　）

③ Bの針金40gの長さは何mですか。

（　　　　　　　　　　　）

④ それぞれの針金で、60gのとき、AとBの針金の長さの差は何mですか。

（　　　　　　　　　　　）

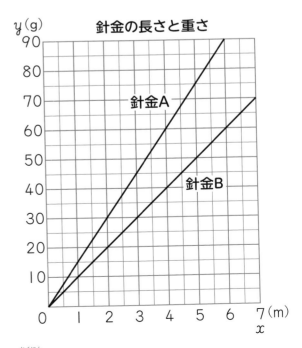

y(g)　針金の長さと重さ

ふりかえり ❶がわからないときは、92ページの❶にもどって確認しよう。

プログラミング

プログラミングにちょうせん！
比例のグラフをかこう

教科書　204〜205 ページ　　答え　36 ページ

よくよんで

　コンピュータに作業させるときの命令のまとまりを、プログラムといいます。

　グラフをかくプログラムでは、命令のブロックを組み合わせることで、グラフの点を動かしたり、線をひいたりすることができます。

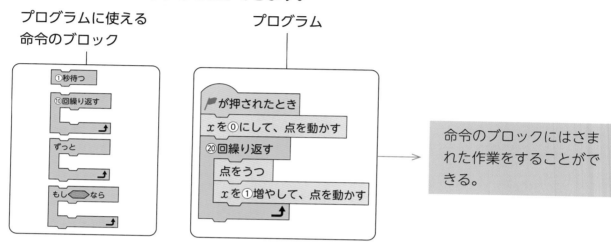

プログラムに使える
命令のブロック

プログラム

命令のブロックにはさまれた作業をすることができる。

プログラムの例

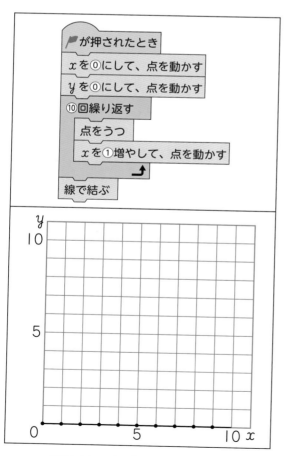

x だけが、1 ずつ増えている。

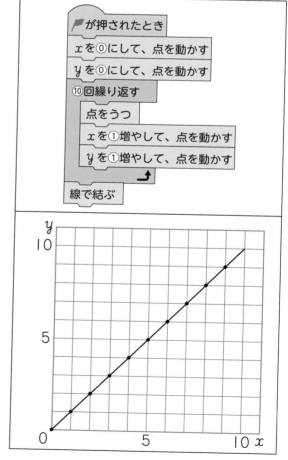

x、y ともに、1 ずつ増えている。

右のプログラムの？の部分に

y を $0.5 \times x$ にして、点を動かす

のブロックを入れます。
できるグラフは、次の㋐〜㋒のどれになりますか。

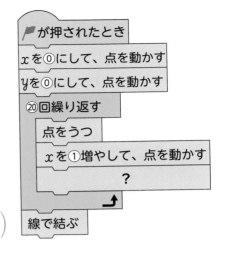

(　　　　　)

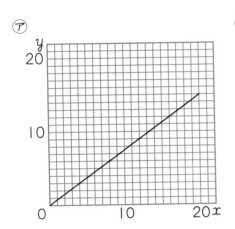

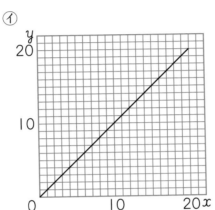

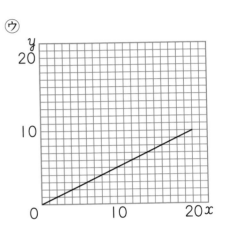

2 次のプログラムでできる点をかき、線で結んでグラフを完成させましょう。

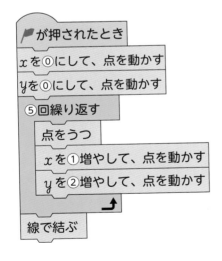

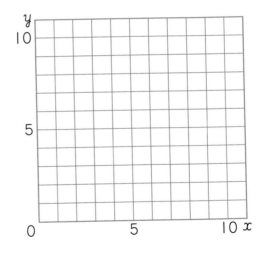

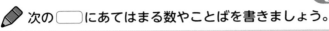

13 およその面積や体積

① およその面積や体積

教科書 207〜209 ページ　答え 37 ページ

✐ 次の◯にあてはまる数やことばを書きましょう。

◎ねらい およその面積を求められるようにしよう。　練習 ①②

🐾 およその面積の求め方

★方眼の数を数える方法

図形のまわりの線の内側に完全に入っている方眼…■

図形のまわりの線にかかっている方眼……………■

線にかかっている方眼■は、半分とみなします。

★三角形や四角形などとみて求める方法

必要な長さをはかって、公式にあてはめます。

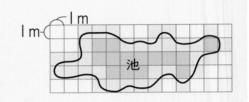

1 右上の図の池のおよその面積を求めましょう。

解き方 次の㋐、㋑のように2通りの方法があります。

㋐ 方眼の数を数える方法

方眼の1ますは1×1＝1（m²）、■はどれも1 m²の半分とみて、

1 m²の方眼■……① ◯ 個

0.5 m²の方眼■……② ◯ 個

面積は、1×③ ◯ ＋0.5×④ ◯ ＝⑤ ◯ （m²）

およその面積だから、
■も■も
方眼の半分とみていいんだね。

㋑ 三角形や四角形とみて求める方法

この池の形を、右の図のように⑥ ◯ とみると、

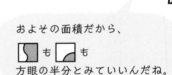

底辺は⑦ ◯ m、高さは3 m

面積は、式⑧ ◯ ×3＝⑨ ◯ （m²）

答え　約⑩ ◯ m²

◎ねらい およその容積や体積を求められるようにしよう。　練習 ③

🐾 およその容積、体積の求め方

およその形を、角柱や円柱とみて、
およその容積や体積を求めます。

50cm
30cm
20cm

2 右上のプランターのおよその容積を求めましょう。

解き方 プランターを、右の図のように直方体とみると、

およその容積は、式① ◯ ×② ◯ ×20＝③ ◯ （cm³）

答え　約④ ◯ cm³

30cm
20cm　50cm

ぴったり 2
練習

★ できた問題には、「た」を書こう！★

できき 1
できき 2
できき 3

学習日　　　月　　　日

教科書　207〜209 ページ　　答え　37 ページ

1 下の図のような葉のおよその面積を求めます。

教科書　207 ページ **1**

① 方眼の数を数えて求めましょう。

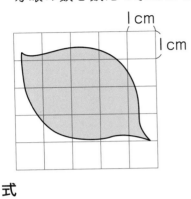

式

答え（　　　　　　　）

② 平行四辺形とみて求めましょう。

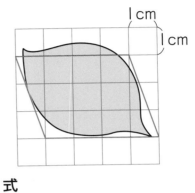

式

答え（　　　　　　　）

2 下の図のような島のおよその面積を求めます。

教科書　207 ページ **1**

① 方眼の数を数えて求めましょう。

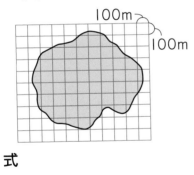

式

答え（　　　　　　　）

② 円とみて求めましょう。

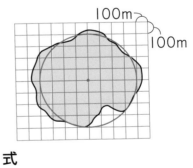

式

答え（　　　　　　　）

3 右のようなケーキのおよその体積を求めます。

教科書　209 ページ **2**

① およそどんな形とみられますか。

（　　　　　　　）

② およその体積を求めましょう。

式

答え（　　　　　　　）

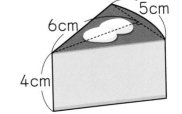

ぴったり 3
確かめのテスト

⓭ およその面積や
体積

時間 30分
／100
合格 80点

教科書 207〜209ページ　　答え 37ページ

知識・技能

／69点

1 右の図のような池のおよその面積を、方眼を数えて求めます。

各5点(20点)

① 池のまわりの線の内側に完全に入っている方眼はいくつありますか。

（　　　　　　　　　　）

② 池のまわりの線にかかっている方眼はいくつありますか。

（　　　　　　　　　　）

③ 方眼は1つで1m² です。池の面積を求めるとき、まわりの線にかかっている方眼は1つで何 m² と考えればよいですか。

（　　　　　　　　　　）

④ 池のおよその面積を求めましょう。

（　　　　　　　　　　）

2 右のようなロールケーキがあります。

式・答え　各6点(18点)

① およそどんな形とみられますか。

（　　　　　　　　　　）

② このロールケーキのおよその体積を求めましょう。
式

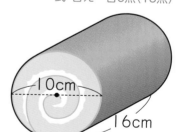

答え（　　　　　　　　　　）

3 よく出る 右の図のような湖があります。およその面積を求めましょう。 (15点)

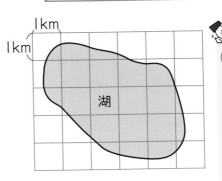

（　　　　　　　）

4 よく出る 右の図のような島があります。およその面積を求めましょう。 式・答え　各8点(16点)

式

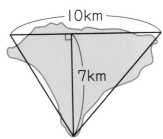

答え（　　　　　　　）

この本の終わりにある「春のチャレンジテスト」をやってみよう!

思考・判断・表現　　　／31点

5 右の図は、淡路島を表しています。淡路島のおよその面積を求めましょう。
方眼の1目もりは5kmです。 (15点)

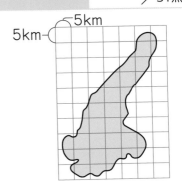

（　　　　　　　）

6 右の図のように、中に島のある池があります。池の部分のおよその面積を求めましょう。答えは上から2けたのがい数で求めましょう。 式・答え　各8点(16点)

式

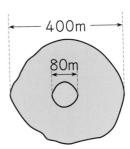

答え（　　　　　　　）

ふりかえり 1がわからないときは、100ページの1にもどって確認してみよう。

まとめのテスト

6年間のまとめ
整数や小数のしくみ、
たし算とひき算

学習日　　月　　日

時間 20分
／100
合格 80点

教科書 211〜212ページ　答え 38ページ

1 次の数を数字で書きましょう。

各4点（12点）

① 八千三百五十四億七千百二十九万二百

（　　　　　　　　）

② 1兆を6個、100億を2個合わせた数

（　　　　　　　　）

③ 1を4個、0.1を5個、0.001を7個
合わせた数

（　　　　　　　　）

2 ア、イの目盛りが表す数を小数で
書きましょう。

各5点（10点）

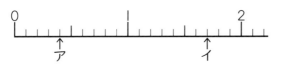

ア（　　　　）　イ（　　　　）

3 2以上7未満の整数を全て
書きましょう。

（6点）

（　　　　　　　　）

4 四捨五入して、（　）の中の位までの
がい数にしましょう。

各5点（10点）

① 3682（百）

（　　　　　　　　）

② 74530（一万）

（　　　　　　　　）

5 （　　）の中の数の、最小公倍数と
最大公約数を求めましょう。

各5点（30点）

① （6　18）

最小公倍数（　　　　　）

最大公約数（　　　　　）

② （12　20）

最小公倍数（　　　　　）

最大公約数（　　　　　）

③ （7　8）

最小公倍数（　　　　　）

最大公約数（　　　　　）

6 計算をしましょう。

各4点（32点）

① 69＋54　　② 437＋628

③ 726－349　　④ 3200－701

⑤ 3.6＋2.78　　⑥ 5.21＋1.79

⑦ 4.53－1.8　　⑧ 3－2.04

整数や小数のかけ算と わり算、計算の順序

📖 教科書　213 ページ　　✏️ 答え　38 ページ

1 52.7 の 10 倍、100 倍、$\frac{1}{10}$、$\frac{1}{100}$ の数は、それぞれいくつですか。　各3点(12点)

10 倍（　　　　）　　100 倍（　　　　）

$\frac{1}{10}$（　　　　）　　$\frac{1}{100}$（　　　　）

2 計算をしましょう。　各4点(32点)

① 24×3　　② 68×38

③ 421×23　　④ 1.9×3

⑤ 5.8×2.7　　⑥ 0.17×0.4

⑦ 6.2×8.5　　⑧ 0.24×1.5

3 計算をしましょう。　各3点(6点)

① 5×(9−3)

② 4×6+8÷2

4 商を整数で求めて、わりきれないときは、あまりもだしましょう。　各5点(30点)

① 96÷4　　② 89÷23

③ 756÷36　　④ 670÷25

⑤ 8.9÷1.7　　⑥ 0.8÷0.24

5 わりきれるまで計算しましょう。　各5点(20点)

① 9.1÷1.3　　② 1.38÷1.2

③ 0.42÷0.5　　④ 10÷8

6年間のまとめ
分数のしくみとたし算、ひき算

時間 **20** 分
／100
合格 **80** 点

教科書 **214** ページ　　答え **39** ページ

1 ☐にあてはまる数を書きましょう。
各4点（8点）

① $\dfrac{1}{7}$ の 3 個分は、☐ です。

② $\dfrac{1}{8}$ の ☐ 個分は 1 です。

2 次の分数で、仮分数は帯分数に、帯分数は仮分数になおしましょう。　各4点（8点）

① $\dfrac{9}{4}$

（　　　　　）

② $1\dfrac{5}{6}$

（　　　　　）

3 約分をしましょう。　各4点（12点）

① $\dfrac{8}{10}$

（　　　　　）

② $\dfrac{32}{12}$

（　　　　　）

③ $\dfrac{38}{19}$

（　　　　　）

4 （　　）の中の分数を通分しましょう。
各4点（12点）

① $\left(\dfrac{3}{5}\quad\dfrac{5}{7}\right)$　　（　　　　　）

② $\left(\dfrac{3}{4}\quad\dfrac{3}{20}\right)$　　（　　　　　）

③ $\left(\dfrac{5}{8}\quad\dfrac{7}{12}\right)$　　（　　　　　）

5 計算をしましょう。　各6点（60点）

① $\dfrac{2}{7}+\dfrac{3}{7}$　　② $\dfrac{2}{9}+\dfrac{7}{9}$

③ $\dfrac{3}{8}+\dfrac{1}{6}$　　④ $\dfrac{5}{6}+\dfrac{2}{3}$

⑤ $\dfrac{3}{4}-\dfrac{1}{10}$　　⑥ $\dfrac{11}{15}-\dfrac{3}{5}$

⑦ $\dfrac{7}{6}-\dfrac{5}{18}$　　⑧ $1-\dfrac{4}{7}$

⑨ $2\dfrac{1}{3}+1\dfrac{1}{6}$　　⑩ $1\dfrac{2}{9}-\dfrac{7}{18}$

まとめのテスト

6年間のまとめ
分数のかけ算とわり算、計算のきまり

学習日　　月　　日

時間 20分
/100
合格 80点

教科書 215ページ　　答え 40ページ

1 分数を小数になおしましょう。小数は分数になおし、約分できるときは約分しましょう。　　各4点(16点)

① $\dfrac{3}{5}$

② $\dfrac{9}{4}$

（　　　　） （　　　　）

③ 0.8

④ 1.5

（　　　　） （　　　　）

2 次の数の逆数を求めましょう。
各4点(16点)

① $\dfrac{7}{4}$

② $\dfrac{3}{8}$

（　　　　） （　　　　）

③ 6

④ 2.1

（　　　　） （　　　　）

3 くふうして計算しましょう。　各4点(8点)

① $69+73+27$

② $5.4 \times 8 + 4.6 \times 8$

4 積や商が5より大きくなる式を2つ選んで、記号で答えましょう。　各5点(10点)

あ 5×0.9

い $5 \div 1.9$

う $5 \times \dfrac{3}{2}$

え $5 \div \dfrac{2}{3}$

（　　　　） （　　　　）

5 計算をしましょう。　　各5点(50点)

① $\dfrac{5}{9} \times 12$

② $\dfrac{3}{8} \times \dfrac{3}{5}$

③ $\dfrac{7}{12} \times \dfrac{9}{14}$

④ $6 \times \dfrac{5}{18}$

⑤ $\dfrac{3}{4} \div 6$

⑥ $\dfrac{4}{5} \div \dfrac{2}{7}$

⑦ $\dfrac{8}{9} \div \dfrac{2}{3}$

⑧ $8 \div \dfrac{10}{7}$

⑨ $4.5 \times \dfrac{5}{3}$

⑩ $\dfrac{6}{5} \div 2.4$

6年間のまとめ

図形の基本、立体

学習日　月　日

時間 **20**分　／100

合格 **80**点

教科書　216〜217 ページ　答え　40 ページ

1 次のあ〜かの長さや角の大きさを答えましょう。　各5点(30点)

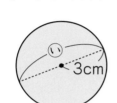
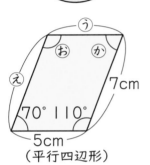

（二等辺三角形）

（平行四辺形）

あ（　　　　　）

い（　　　　　）

え（　　　　　）

お（　　　　　）

か（　　　　　）

2 次のあ〜えの角の大きさは何度ですか。　各5点(20点)

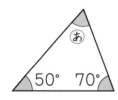
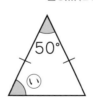

あ（　　　　　）　　い（　　　　　）

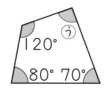
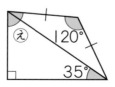

う（　　　　　）　　え（　　　　　）

3 次の立方体の展開図を組み立てます。　各10点(30点)

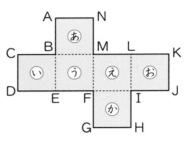

① 辺ＡＢと重なる辺はどれですか。

（　　　　　）

② 頂点Ｅと重なる頂点はどれですか。

（　　　　　）

③ 面うと向かい合う面はどれですか。

（　　　　　）

4 次の三角柱の見取図を完成させましょう。　(10点)

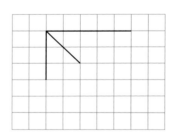

5 次の直線が対角線になる四角形の名前を書きましょう。　各5点(10点)

① ②

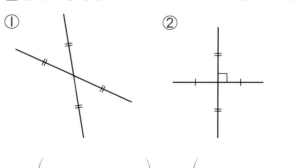

（　　　　　）　　　　（　　　　　）

合同、対称、拡大図・縮図

1 次の2つの四角形は合同です。

各10点（30点）

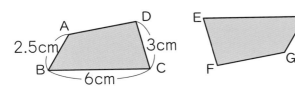

① 辺ADに対応する辺はどれですか。

（　　　　　　）

② 角Eに対応する角はどれですか。

（　　　　　　）

③ 辺GHの長さは何cmですか。

（　　　　　　）

2 次の図形をかきましょう。　各10点（20点）

①

②

（平行四辺形）

3 下のあ〜おの図形について記号で
答えましょう。　各10点（20点）

あ平行四辺形　　い長方形
うひし形　　え正方形　　お正三角形

① 線対称な図形を全て選びましょう。

（　　　　　　　　　　）

② 点対称な図形を全て選びましょう。

（　　　　　　　　　　）

4 下の図で、あの縮図になっているのは
どれですか。また、それは何分の一の縮図に
なっていますか。　各5点（10点）

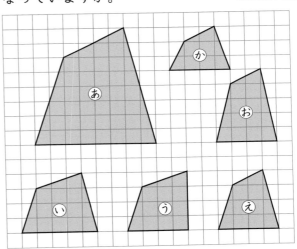

縮図（　　　　　）、（　　　　　　）の縮図

5 下の四角形の2倍の拡大図をかきましょ
う。また、$\frac{1}{2}$の縮図をかきましょう。

各10点（20点）

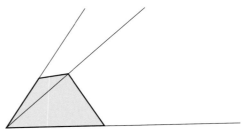

6年間のまとめ
量の単位、図形の面積や体積

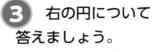

教科書　220〜221 ページ　　答え　41 ページ

① □にあてはまる数を書きましょう。

各4点(20点)

① 2 km = ◻ m

② 4.8 kg = ◻ g

③ 230 mg = ◻ g

④ 70000 cm² = ◻ m²

⑤ 8 m³ = ◻ cm³

② 次の図形の面積を求めましょう。

式・答え　各4点(32点)

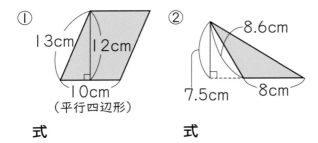

① 13cm 12cm 10cm（平行四辺形）　② 8.6cm 7.5cm 8cm

式　　　　　　　式

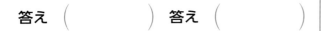

答え（　　　　）答え（　　　　）

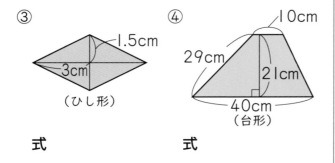

③ 1.5cm 3cm（ひし形）　④ 10cm 29cm 21cm 40cm（台形）

式　　　　　　　式

答え（　　　　）答え（　　　　）

③ 右の円について答えましょう。

式・答え　各4点(16点)

10cm

① 円周の長さは何 cm ですか。

式

答え（　　　　）

② 面積は何 cm² ですか。

式

答え（　　　　）

④ 次の立方体と直方体の体積を求めましょう。

式・答え　各4点(16点)

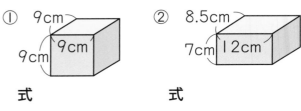

① 9cm 9cm 9cm　② 8.5cm 7cm 12cm

式　　　　　　　式

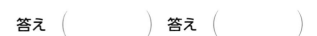

答え（　　　　）答え（　　　　）

⑤ 次の角柱と円柱の体積を求めましょう。

式・答え　各4点(16点)

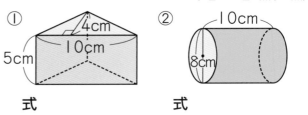

① 4cm 10cm 5cm　② 10cm 8cm

式　　　　　　　式

答え（　　　　）答え（　　　　）

まとめの テスト

6年間のまとめ
単位量あたりの大きさ、割合

学習日　月　日

時間 20分
／100
合格 80点

教科書 222〜223ページ　答え 42ページ

1 A町とB町の人口と面積を調べたら、下の表のようになりました。どちらの町がこんでいますか。人口密度を求めて比べましょう。

式・答え　各5点(10点)

A町とB町の人口と面積

	人口(人)	面積(km²)
A町	8616	80
B町	6356	56

式

答え (　　　　)

2 時速48kmで走る自動車があります。

式・答え　各4点(24点)

① 走る速さは分速何kmですか。

式

答え (　　　　)

② 1時間35分走ると何km進むことになりますか。

式

答え (　　　　)

③ 240km進むには、何時間かかりますか。

式

答え (　　　　)

3 ある週の月曜日から金曜日まで、なつみさんのクラスで保健室を利用した人を調べたら、下の表のようになりました。1日平均何人が利用したといえますか。

式・答え　各5点(10点)

曜日	月	火	水	木	金
人数(人)	1	3	0	3	2

式

答え (　　　　)

4 次の小数で表した割合を百分率で、百分率で表した割合を小数で表しましょう。

各4点(16点)

① 0.4　　　　② 2.1

(　　　) (　　　)

③ 6％　　　　④ 85％

(　　　) (　　　)

5 次の問題に答えましょう。

式・答え　各5点(40点)

① 40mのテープのうち、18m使いました。使った長さは、テープ全体の長さの何％ですか。

式

答え (　　　　)

② 3600gの60％は何gですか。

式

答え (　　　　)

③ りくさんの学校の6年生の人数は90人で、これは学校全体の人数の18％にあたります。学校全体の人数は何人ですか。

式

答え (　　　　)

④ 定価800円のソックスが20％引きで売られています。ソックスの値段はいくらですか。

式

答え (　　　　)

まとめのテスト

6年間のまとめ
比、変わり方、並べ方と
組み合わせ方、データの活用

学習日　月　日

時間 20分

/100

合格 80点

教科書 224〜225ページ　答え 42ページ

1 x にあてはまる数を求めましょう。

各10点(20点)

① $24:4=6:x$

(　　　)

② $8:5=x:45$

(　　　)

2 140 cm のリボンを、みきさんと妹の長さの比が 4：3 になるように分けます。みきさんのリボンの長さは何 cm ですか。

式・答え　各5点(10点)

式

答え (　　　)

3 けんたさん、しゅんさん、ゆかさん、あやさんの 4 人が 1 列に並んで、山登りをします。全部で何通りの並び方がありますか。

(10点)

(　　　)

4 みかん、バナナ、りんご、ももの 4 種類のくだものの中から 3 種類を選んで買います。組み合わせ方は、全部で何通りありますか。

(10点)

(　　　)

5 次の事がらを表すのに適したグラフを下の　　　の中から選び、記号で答えましょう。

各6点(18点)

① 日本の国土の土地利用の割合

(　　　)

② 1 日の水温の変化の様子

(　　　)

③ 身長のちらばりの様子

(　　　)

ⓐ 折れ線グラフ　ⓘ 帯グラフ・円グラフ
ⓤ ドットプロット・柱状グラフ

6 次の表は、ある針金の長さ x m と重さ y g の関係を調べたものです。

各8点(32点)

長さ x (m)	1	2	3	4	5	6
重さ y (g)	4	8	12	16	20	24

① y は x に比例していますか。

(　　　)

② x と y の関係を式に表しましょう。

(　　　)

③ x と y の関係を右のグラフに表しましょう。

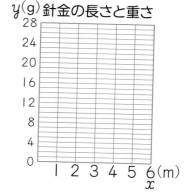

針金の長さと重さ

④ この針金 30 m の重さは、何 g ですか。

(　　　)

付録の「計算せんもんドリル」 20〜32 もやってみよう！

合格80点 ／100

時間 40分

月　日

名前

夏のチャレンジテスト

教科書 16〜97ページ

知識・技能

／82点

1 下のあ〜えは道路標識です。　各2点(4点)

あ　　い　　う　　え

① 線対称な図形はどれですか。

② 点対称な図形はどれですか。

2 x にあてはまる数を求めましょう。　各3点(12点)

① $x×12=192$　　② $x+27=81$

4 計算をしましょう。　各3点(18点)

① $\dfrac{3}{8}×3$

② $\dfrac{7}{10}×2$

③ $1\dfrac{2}{3}×6$

④ $\dfrac{5}{6}÷3$

⑤ $4\dfrac{1}{2}÷12$

↳ うらにも問題があります。

③ $x-56=74$

④ $x \div 6 = 23$

⑥ $\dfrac{14}{5} \div 7$

5 右のグラフは、えりかさんの学校の6年生女子のソフトボール投げの記録です。　各4点(12点)

6年生女子の
(人) ソフトボール投げの記録

(m)

① えりかさんの記録は25mでした。どの階級に入りますか。

② 10m以上15m未満の人は何人いますか。

③ 度数が一番多い階級は、何m以上何m未満ですか。

答え

答え

3 次の図で、色のついた部分の面積を求めましょう。　式・答え　各3点(12点)

①

式

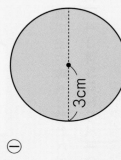

②

式

答え

答え

冬のチャレンジテスト

★⛄🎄

教科書 99~175ページ

月　日

⏰ 時間 **40分**

合格80点

／100

答え45ページ

各3点(24点)

／64点

知識・技能

1 次の積や商が $\frac{2}{3}$ より大きくなるのはどれですか。

2つ選んで、記号で答えましょう。

各2点(4点)

あ $\frac{2}{3} \times \frac{4}{5}$　　　　い $\frac{2}{3} \times 1\frac{2}{7}$

う $\frac{2}{3} \times 1$　　　　え $\frac{2}{3} \div \frac{5}{8}$

お $\frac{2}{3} \div \frac{7}{6}$　　　　か $\frac{2}{3} \div 2\frac{1}{4}$

（　　　）と（　　　）

2 □ にあてはまる数を書きましょう。

各3点(6点)

① $\left(\frac{3}{7} \times \frac{2}{5}\right) \times \frac{1}{6} = \frac{3}{7} \times \left(\boxed{} \times \frac{1}{6}\right)$

4 計算をしましょう。

① $\frac{3}{8} \times \frac{3}{4}$　　　　② $\frac{7}{12} \times \frac{4}{5}$

③ $\frac{7}{6} \times \frac{9}{14}$　　　　④ $\frac{4}{15} \times 2\frac{1}{2}$

⑤ $3 \div \frac{4}{5}$　　　　⑥ $1.4 \div \frac{7}{9}$

（8 16）×9−8×\boxed{ } ＋$\frac{1}{16}$×$\frac{6}{9}$

3 下の四角形ＥＦＧＨは、四角形ＡＢＣＤの拡大図です。

各2点(6点)

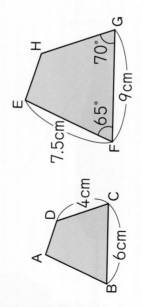

① 角Ｂの大きさは何度ですか。

（　　　　　）

② 辺ＡＢ、辺ＧＨはそれぞれ何 cm ですか。

辺ＡＢ（　　　　　）　　辺ＧＨ（　　　　　）

4

5 次の比を簡単にしましょう。

各3点(6点)

① 16：20

（　　　　　）

② $\frac{2}{3}$：$\frac{3}{4}$

（　　　　　）

6 x にあてはまる数を求めましょう。

各3点(6点)

① 4：7＝x：42

（　　　　　）

② 54：72＝x：8

（　　　　　）

↩ うらにも問題があります。

6年 算数のまとめ

学力診断テスト

名前

月 日

合格80点 /100

答え 48ページ

時間 40分

---

1 次の計算をしましょう。

各3点(18点)

① $\dfrac{4}{5} \times \dfrac{7}{6}$

② $3 \times \dfrac{2}{9}$

③ $\dfrac{12}{5} \div \dfrac{4}{3}$

④ $0.3 \div \dfrac{3}{20}$

⑤ $\dfrac{6}{7} \times \dfrac{3}{4} \times \dfrac{8}{9}$

⑥ $\dfrac{3}{8} \div \dfrac{5}{6} \times \dfrac{4}{5}$

---

2 次の表は、ある棒の重さ y kg が長さ x m に比例するようすを表したものです。表のあいているところに、あてはまる数を書きましょう。

各3点(9点)

---

5 次のような立体の体積を求めましょう。

式・答え 各3点(12点)

①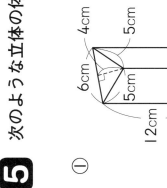

式

答え

②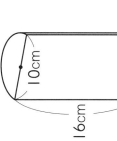

式

答え

---

6 次のあ〜えの中で、線対称な形はどれですか。また、点対称な形はどれですか。すべて選んで、記号で答えましょう。

全部できて 各3点(6点)

あ　　い　　う　　え

線対称 （　　　）　　点対称 （　　　）

7 下の⑥～⑰の比の中で、2：3と等しい比をすべて選んで、記号で答えましょう。
(全部できて 3点)

あ　3：2　　い　12：18　　う　4：9
え　14：21　　お　6：8　　か　15：10

8 面積が 36 cm² の長方形があります。　各3点(6点)
① 縦(たて)の長さを x cm、横の長さを y cm として、x と y の関係を、式に表しましょう。

② x と y は反比例しているといえますか。

→うらにも問題があります。

---

3 右のような形をした池があります。
この池のおよその面積を求めるために は池をおよそどんな形とみなせばよい ですか。次の⑥～⑰の中から1つ選ん で、記号で答えましょう。　(3点)

あ　三角形　　い　正方形
う　ひし形　　え　台形

y (kg)	0.6	3	②	③

4 色をつけた部分の面積を求めましょう。　(3点)

8cm
8cm

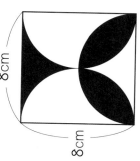

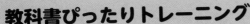

教科書ぴったりトレーニング

答えとてびき

大日本図書版　算数6年

おうちのかたへ では、次のようなものを示しています。
・学習のねらいやポイント
・他の学年や他の単元の学習内容とのつながり
・まちがいやすいことやつまずきやすいところ
お子様への説明や、学習内容の把握などにご活用ください。

しあげの5分レッスン では、
学習の最後に取り組む内容を示しています。
学習をふりかえることで学力の定着を図ります。

答え合わせの時間短縮に　丸つけラクラク解答　デジタルもご活用ください！

右の QR コードをスマートフォンなどで読み取ると、
赤字解答の入った本文紙面を見ながら簡単に答え合わせができます。

丸つけラクラク解答デジタルは以下の URL からも確認できます。
https://www.shinko-keirinwebshop.com/shinko/2024pt/rakurakudegi/MDN6da/index.html

※丸つけラクラク解答デジタルは無料でご利用いただけますが、通信料金はお客様のご負担となります。
※QR コードは株式会社デンソーウェーブの登録商標です。

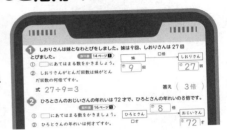

---

1 対称な図形

ぴったり1 準備 　**2ページ**

1　(1)1　(2)3　(3)2　　2　①180　②③あ、い

ぴったり2 練習 　**3ページ**　　**てびき**

1　①1本　②1本　③2本　④4本

おうちのかたへ 1つの方向だけではなく、いろいろな方向から対称の軸がないかを確認させてください。

2　線対称な図形…い、う
　　点対称な図形…あ、え

3　線対称な形…A、H、T
　　点対称な形…H、N、Z

1　対称の軸は下の図のようになります。
①　　②　　③　　④

2　対称の軸や対称の中心は、下の図のようになります。
あは平行四辺形であることに注意しましょう。
あ　　い　　う　　え

3　Hは線対称な形でもあるし、点対称な形でもあります。

しあげの5分レッスン 1本の直線で折って重なるなら線対称、1つの点を中心に回して重なるなら点対称だよ。

1 (1)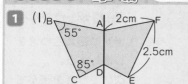

(2)①ＡＦ　②2　(3)①Ｃ　②85

2 (1)①ＢＨ　②2　(2)垂直（すいちょく）

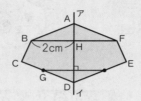

3 垂直

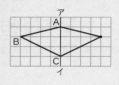

1 ①

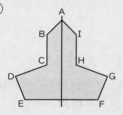

②頂点（ちょうてん）Ｈ　③辺ＡＩ　④角Ｇ

2 ①辺ＢＣ…3cm
　　直線ＣＥ…4.4cm
　②60°

③

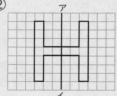

3 ①

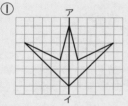

②

③

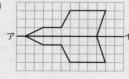

4 ①

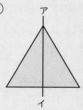

②

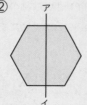

---

1 線対称（せんたいしょう）な図形を、対称の軸（じく）で折ったとき、重なり合う点、辺、角を、それぞれ対応する点、対応する辺、対応する角といいます。

2 ①頂点Ｃと頂点Ｅは対応する点だから、直線ＣＥと対称の軸とが交わる点からＣ、Ｅまでの長さは等しくなっています。だから、2.2×2＝4.4
③点Ｈから、対称の軸に垂直な直線をひき、辺ＦＥと交わる点を求めます。

3 ①対称の軸までの方眼の数が同じになるように、対応する点をとります。

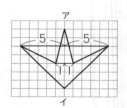

4 ②次の手順で図をかきます。

(1)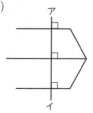

アイに垂直な直線をひきます。

(2)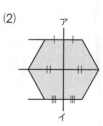

長さが等しくなるように点をとってつないでいきます。

⏱しあげの5分レッスン　線対称な図形をかいたら、対応する点を結ぶ直線が対称の軸に垂直になることを確認（かくにん）しよう。

1 (1)E　(2)①GH　②I　(3)①D　②60

2 (1)①C　②D
(2)対称の中心

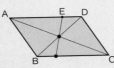

3 BO(OB)

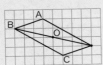

おうちのかなへ 点対称な図形は、形によって見分けにくいものがあります。図形を紙に写し取って考えさせてください。

1 ①頂点F
②4.5 cm
③55°

2 ①　②

③　④

3 ①②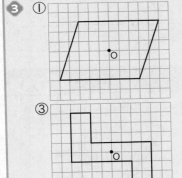

③

4 ①②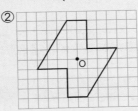

③（図）

1 ②辺ＡＢに対応する辺は、辺ＤＥです。辺ＤＥの長さが4.5cmなので、辺ＡＢの長さは4.5cmです。
③角Ｄに対応する角は、角Ａです。角Ａの大きさが55°なので、角Ｄの大きさは55°です。

2 対応する点を結ぶ直線を2本ひいたとき、交わった点が対称の中心です。また、点Ａと対称の中心を通る直線をひいたとき、その直線と図形とが交わった点が点Ａに対応する点です。

3 ①対称の中心までの長さが同じになるように、対応する点をとります。

おうちのかなへ 点対称な図形は、その性質を使ってかかせてください。

4 ②次の手順で図をかきます。

(1)

(2)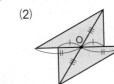

(1) 図形の点と対称の中心を通る直線をひきます。

(2) 対称の中心からの長さが等しくなるように点をとってつなぎます。

しあげの5分レッスン 線対称な図形と点対称な図形のちがいを理解しよう。

1 (1)①〜④長方形、正方形、二等辺三角形、正三角形
　(2)①〜③平行四辺形、ひし形、長方形
2 (1)①3　②4　③5　④6　(2)①偶数、②正六角形

てびき

1
平行四辺形　ひし形　長方形　正方形
（　）　（○）　（○）　（○）

2
台形　平行四辺形　ひし形　正方形
（　）　（○）　（○）　（○）

3
直角三角形　二等辺三角形　正三角形
（　）　（○）　（○）

4 ①正五角形、正六角形、正七角形、正八角形
正五角形　正六角形　正七角形　正八角形
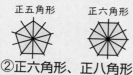
②正六角形、正八角形

1 長方形の対角線は対称の軸にはなりません。注意しましょう。

2 ひし形や正方形は、点対称でもあり、線対称でもある図形です。

3 二等辺三角形や正三角形は線対称な図形です。正三角形には対称の軸が3本あります。

4 ①正多角形はどれもみな線対称な図形です。対称の軸の本数は、正五角形は5本、正六角形は6本、…というように頂点の数と同じです。
②頂点の数が偶数の正多角形が点対称な図形です。

⏱しあげの5分レッスン　多角形や正多角形には、線対称にも点対称にもなっている図形があることに注意しよう。

てびき

1 ①○　②△　③△　④○

2 ①直線AE（直線EA）
②頂点G　③4cm　④130°

3 ①

②頂点F
③辺GH

4
	正三角形	正方形	正五角形	正六角形
線対称かどうか	○	○	○	○
対称の軸の数(本)	3	4	5	6
点対称かどうか	×	○	×	○

1 対称の軸や対称の中心は、下の図のようになります。

2 ③線対称な図形の性質から、DKとFKの長さは等しくなっています。だからDFの長さは、
2×2＝4(cm)

3 ①点対称な図形では、対応する点を結ぶ直線が対称の中心を通ります。
②③点対称な図形で、対称の中心のまわりに180°回したときに重なり合う点と辺が、それぞれ対応する点、対応する辺です。

4 正多角形はどれも線対称な図形で、対称の軸の本数がその図形の頂点の数と同じになります。正方形や正六角形のような頂点の数が偶数の正多角形は、点対称な図形でもあります。

⑤ ①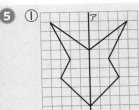 ②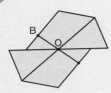

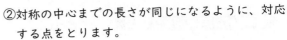
⑤ ①対称の軸までの方眼の数が同じになるように、対応する点をとります。
②対称の中心までの長さが同じになるように、対応する点をとります。

⑥ ①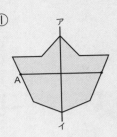 ②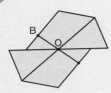

⑥ ①図形上の点から直線アイに垂直な直線をひきます。
②図形上の点から点Oを通る直線をひきます。

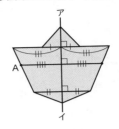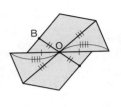

⑦ ①ⓘ ②ⓤ

⑦ ①これは線対称な図形で、点対称ではないので、ⓐ か ⓘ になります。
②2つの四角形ＡＢＣＤの一方がさかさになっているから、点対称な図形をかいたと考えます。

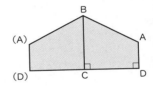

> ⏰ **しあげの5分レッスン** 線対称や点対称な図形をさがすときは、対称の軸や対称の中心がどこにあるかを考えよう。

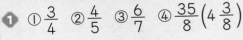

② 分数と整数のかけ算・わり算

> **ぴったり①** **準備** （ 12 ページ ）

1 (1)① 2　②4　③8　④$\frac{8}{9}$　(2)① 2　②$\frac{6}{13}$

2 (1)① 1　②3　③$\frac{2}{3}$　(2)①3　②2　③$\frac{27}{2}\left(13\frac{1}{2}\right)$　(3)① 5　②3　③1　④15

> **ぴったり②** **練習** （ 13 ページ ）　　　　　　　　　　　　　　**てびき**

❶ ①$\frac{3}{4}$　②$\frac{4}{5}$　③$\frac{6}{7}$　④$\frac{35}{8}\left(4\frac{3}{8}\right)$

⑤$\frac{14}{15}$　⑥$\frac{15}{11}\left(1\frac{4}{11}\right)$

❷ ①$\frac{10}{3}\left(3\frac{1}{3}\right)$　②$\frac{9}{2}\left(4\frac{1}{2}\right)$　③$\frac{8}{3}\left(2\frac{2}{3}\right)$

④$\frac{21}{4}\left(5\frac{1}{4}\right)$　⑤$\frac{7}{5}\left(1\frac{2}{5}\right)$　⑥$\frac{45}{4}\left(11\frac{1}{4}\right)$

⑦10　⑧6　⑨27

❸ 式 $\frac{2}{7}\times5=\frac{10}{7}\left(1\frac{3}{7}\right)$　　　答え $\frac{10}{7}\left(1\frac{3}{7}\right)$ dL

❶ ②$\frac{2}{5}\times2=\frac{2\times2}{5}=\frac{4}{5}$

⑥$\frac{3}{11}\times5=\frac{3\times5}{11}=\frac{15}{11}\left(1\frac{4}{11}\right)$

❷ とちゅうで約分できるときは、約分してから計算します。

①$\frac{5}{6}\times4=\frac{5\times\overset{2}{4}}{\underset{3}{6}}=\frac{10}{3}\left(3\frac{1}{3}\right)$

帯分数×整数は、帯分数を仮分数になおして計算します。

⑥$1\frac{7}{8}\times6=\frac{15}{8}\times6=\frac{45}{4}\left(11\frac{1}{4}\right)$

④ 式 $\frac{9}{8} \times 12 = \frac{27}{2}\left(13\frac{1}{2}\right)$ 答え $\frac{27}{2}\left(13\frac{1}{2}\right)$ m²

④ (1dL でぬれる面積)×(ペンキの量)にあてはめて考えます。

しあげの5分レッスン 分数×整数の計算は、これまでのかけ算のようにもとにする数(分数)のいくつ分で考えるよ。

ぴったり1 準備 14ページ

1 (1)①2 ②3 ③2 ④$\frac{3}{7}$ (2)①5 ②$\frac{6}{35}$

2 (1)①1 ②4 ③$\frac{1}{16}$ (2)①3 ②2 ③$\frac{3}{8}$ (3)①14 ②2 ③1 ④$\frac{2}{5}$

ぴったり2 練習 15ページ

てびき

1 ①$\frac{4}{21}$ ②$\frac{3}{20}$ ③$\frac{5}{56}$ ④$\frac{5}{12}$ ⑤$\frac{7}{50}$

⑥$\frac{6}{77}$

1 ②$\frac{3}{5} \div 4 = \frac{3}{5 \times 4} = \frac{3}{20}$

④$\frac{5}{6} \div 2 = \frac{5}{6 \times 2} = \frac{5}{12}$

2 ①$\frac{1}{6}$ ②$\frac{1}{14}$ ③$\frac{1}{24}$ ④$\frac{3}{20}$ ⑤$\frac{5}{26}$

⑥$\frac{1}{6}$ ⑦$\frac{3}{16}$ ⑧$\frac{3}{10}$ ⑨$\frac{3}{13}$

2 とちゅうで約分できるときは、約分してから計算します。

3 式 $\frac{3}{7} \div 8 = \frac{3}{56}$ 答え $\frac{3}{56}$

3 (プールに入る水の量)÷(時間)にあてはめます。

4 式 $\frac{3}{5} \div 6 = \frac{1}{10}$ 答え $\frac{1}{10}$ kg

🏠 **おうちのかたへ** 約分は必ず計算の途中でしているかを確認させてください。約分を忘れると、答えが約分できる分数になります。

しあげの5分レッスン 分数÷整数と分数×整数の計算のしかたのちがいを、しっかりおさえよう。

ぴったり3 確かめのテスト 16〜17ページ

てびき

1 ㋑

1 分数と整数のかけ算は、整数を分子にかけます。
分数と整数のわり算は、整数を分母にかけます。

2 ①$\frac{6}{7}$ ②$\frac{8}{9}$ ③$\frac{3}{2}\left(1\frac{1}{2}\right)$ ④$\frac{20}{3}\left(6\frac{2}{3}\right)$

⑤$\frac{28}{3}\left(9\frac{1}{3}\right)$ ⑥14 ⑦15

2 とちゅうで約分できるときは、約分してから計算します。

③$\frac{3}{4} \times 2 = \frac{3 \times \overset{1}{2}}{\underset{2}{4}} = \frac{3}{2}\left(1\frac{1}{2}\right)$

3 ①$\frac{2}{9}$ ②$\frac{3}{20}$ ③$\frac{1}{15}$ ④$\frac{3}{28}$

⑤$\frac{2}{55}$ ⑥$\frac{2}{7}$ ⑦$\frac{5}{36}$

3 分数と整数のかけ算とまちがえないようにしましょう。

4 式 $\frac{7}{9} \div 4 = \frac{7}{36}$ 答え $\frac{7}{36}$ L

4 4等分するので、わり算です。

5 式 $\frac{3}{5} \times 10 = 6$ 答え 6分

5 $\frac{3}{5} \times 10 = \frac{3 \times \overset{2}{10}}{\underset{1}{5}} = 6$

6 式 $\frac{7}{9} \div 7 = \frac{1}{9}$ 答え $\frac{1}{9}$ L

6 1週間は7日なので、7でわります。

7 式 $\dfrac{15}{8}\times12=\dfrac{45}{2}$　$\square\times5=\dfrac{45}{2}$

$\square=\dfrac{45}{2}\div5=\dfrac{9}{2}\left(4\dfrac{1}{2}\right)$

答え　$\dfrac{9}{2}\left(4\dfrac{1}{2}\right)$

⏱しあげの5分レッスン まちがえた問題をもう一度やってみよう。

7 はじめに、長方形の面積を求めます。

$$\dfrac{15}{8}\times12=\dfrac{45}{2}（\text{m}^2）$$

縦□ m、横 5m、面積 $\dfrac{45}{2}$ m² の長方形だから、長方形の面積＝縦×横　の公式にあてはめて考えます。

③ 円の面積

ぴったり1 準備　**18**ページ

1 (1)①半径　②半径　③3　④28.26
　(2)①2　②6　③6　④113.04
2 (1)①2　②6.28
　(2)①4　②100　③3.14　④4　⑤78.5
　　⑥21.5

ぴったり2 練習　**19**ページ　**てびき**

1 ①5cm　②15.7 cm

2 ①式　7×7×3.14＝153.86
　　　　　答え　153.86 cm²
　②式　16÷2＝8
　　　8×8×3.14＝200.96
　　　　　答え　200.96 cm²

3 ①式　20÷2＝10
　　　10×10×3.14÷2＝157
　　　　　答え　157 cm²
　②式　4×4×3.14÷4＝12.56
　　　　　答え　12.56 cm²
　③式　8×8×3.14＝200.96
　　　8÷2＝4　　4×4×3.14＝50.24
　　　200.96−50.24×2＝100.48
　　　　　答え　100.48 cm²

4 式　6×6＝36
　　　6÷2＝3　　3×3×3.14÷2×2＝28.26
　　36−28.26＝7.74
　　　　　答え　7.74 cm²

1 ①円をどんどん細かくしていくと、図は縦の長さが半径と同じ長方形に近づきます。
　②長方形の横の長さは、円周の半分だから、
　　10×3.14÷2＝15.7(cm)
2 円の面積＝半径×半径×円周率

⌂おうちのかたへ 円の直径と半径の関係を、もう一度確認させて下さい。直径÷2＝半径　です。

3 ①半径 10cm の円の面積の半分です。
　②半径 4cm の円の面積の $\dfrac{1}{4}$ になります。
　③半径 8cm の円の面積から、半径 4cm の円2個分の面積をひきます。

4 1辺が 6cm の正方形の面積から、半径 3cm の半円2個分の面積をひきます。

⏱しあげの5分レッスン 円周の求め方(直径×3.14)と、円の面積の求め方(半径×半径×3.14)をとりちがえないようにしよう。

1 ⓐ円周　ⓘ長方形　ⓤ半径
ⓔ直径　ⓞ半径

2 ①式　5×5×3.14＝78.5
答え　78.5 cm²
②式　24÷2＝12　12×12×3.14＝452.16
答え　452.16 cm²
③式　18÷2＝9　9×9×3.14÷2＝127.17
答え　127.17 cm²
④式　8×8×3.14÷4＝50.24
答え　50.24 cm²

3 ①式　8×3÷2＝12
12×12×3.14÷2＝226.08
8÷2＝4
4×4×3.14÷2＝25.12
226.08＋25.12×3＝301.44
答え　301.44 cm²
②式　30×30×3.14−10×10×3.14
＝2512
答え　2512 cm²
③式　4×4×3.14÷4−4×4÷2＝4.56
4.56×2＝9.12
答え　9.12 cm²
④式　6×12＝72
6×6×3.14÷4×2＝56.52
72−56.52＝15.48
答え　15.48 cm²

🏠 **おうちのかたへ**　組み合わさった図形は、まず、どんな
形に分けられるかを考えさせるとよいです。

4 式　314÷3.14＝100
100÷2＝50
50×50×3.14＝7850
答え　約7850 m²

---

1 直径×円周率÷2＝直径÷2×円周率
　　　　　　　　　　　　半径

2 公式にあてはめて計算します。
円の面積＝半径×半径×円周率
③半径9cmの円の面積の半分です。
④半径8cmの円の面積の$\frac{1}{4}$です。

3 ①大きな半円1つと小さな半円3つを合わせた図形
です。
・大きな半円　　半径…8×3÷2＝12（cm）
面積…12×12×3.14÷2＝226.08（cm²）
・小さな半円　　半径…8÷2＝4（cm）
面積…4×4×3.14÷2＝25.12（cm²）
・求める面積
226.08＋25.12×3＝301.44（cm²）
　　　　　　　小さな半円3つ分
②大きな円から、小さな円を取りのぞいた図形です。
・大きな円の半径は30cmだから面積は、
30×30×3.14＝2826（cm²）
・小さな円の半径は10cmだから面積は、
10×10×3.14＝314（cm²）
・求める面積
2826−314＝2512（cm²）
③正方形に対角線をひいて考えます。下の図で、色
のついた部分の面積は、半径4cmの円の$\frac{1}{4}$から、
底辺と高さが4cmの三角形をひいたものです。
求める面積は、この面積の2倍になります。

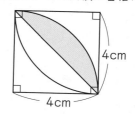

④求める面積は、縦6cm、横12cmの長方形から、
半径6cmの円の$\frac{1}{4}$の2つ分をひいたものです。

4 まず、まわりの長さから円の直径を求めます。
直径を□mとすると、
□×3.14＝314
□＝314÷3.14
□＝100（m）
半径は、100÷2＝50（m）
だから面積は、50×50×3.14＝7850（m²）

⑤ 式　8×8×3.14÷4＝50.24
　　　8−2＝6　　6×6×3.14÷4＝28.26
　　　6−4＝2　　2×2×3.14÷2＝6.28
　　　50.24＋28.26＋6.28＝84.78
　　　　　　　　　　　　答え　84.78㎡

⑤ 牛が動けるところは、次の図のようになります。

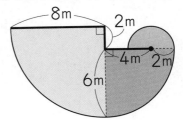

牛が動けるところの面積は、次の3つの図形の面積をたせば求められます。

・半径8mの円の $\frac{1}{4}$

・半径6mの円の $\frac{1}{4}$

・半径2mの円の $\frac{1}{2}$

④ 文字を使った式

ぴったり1　準備　　22ページ

1 (1)①x　②45　(2)①45　②9
2 (1)①x　②18　(2)①4　②72

ぴったり2　練習　　23ページ
てびき

1 ①(x＝)24　②(x＝)32　③(x＝)28
　④(x＝)318　⑤(x＝)180

2 ①式　x×6＝540　　　　　　　答え　90
　②式　x−172＝28　　　　　　答え　200
　③式　x÷3＝320　　　　　　　答え　960
　④式　x＋60＝210　　　　　　答え　150
　⑤式　x×4＝10　　　　　　　答え　2.5

1 ①x×9＝216　　　　　②16×x＝512
　　x＝216÷9　　　　　　　x＝512÷16
　　　＝24　　　　　　　　　　＝32
　③x＋75＝103　　　　　④x−195＝123
　　x＝103−75　　　　　　　x＝123＋195
　　　＝28　　　　　　　　　　＝318
　⑤x÷6＝30
　　x＝30×6
　　　＝180

2 ①(1本の値段)×(本数)＝(代金)
　②(全体のページ数)−(読んだページ数)
　　　＝(残りのページ数)
　③(全体の量)÷(人数)＝(1人分の量)
　④(小麦粉の重さ)＋(皿の重さ)＝(全体の重さ)
　⑤(赤のテープの長さ)×4(倍)＝(白のテープの長さ)

ぴったり1　準備　　24ページ

1 (1)①x　②y　(2)①5　②20　③20　(3)①36　②4　③9
2 ①x　②y

1 ①($y=$)10 ②($y=$)33 ③($y=$)95
④($y=$)8

2 ①($x=$)3 ②($x=$)3

3 ①180×$x=y$ ②($y=$)540
③($x=$)6

🏠 **おうちのかたへ** xを使ったかけ算の式では、xにあてはまる数はわり算で求めることを確認させてください。

4 ①ⓘ ②ⓔ

🏠 **おうちのかたへ** 文字が2つになっても、文字が1つのときと同じように考えよう。

てびき

1 ①$x×2=y$ の x に5をあてはめて、5×2=10 だから、$y=10$

2 ①y に12をあてはめると、
4×$x=12$
$x=12÷4$
$=3$

3 ①(1個の重さ)×(個数)=(全部の重さ)
↑   ↑   ↑
180   x y
②①の式の x に3をあてはめると、
180×3=540　　$y=540$
③①の式の y に1080をあてはめると、
180×$x=1080$
$x=1080÷180$
$=6$

4 文字を使った式で表すと、それぞれ次のようになります。
ⓐ$x+20=y$　ⓘ$x×20=y$
ⓤ$x÷20=y$　ⓔ$x-20=y$

---

1 ①(左から)3、x ②1m ③2.4m

2 ①$x×6$ ②($y=$)30
③($x=$)14

3 ①($x=$)14 ②($x=$)15 ③($x=$)7
④($x=$)24 ⑤($x=$)61 ⑥($x=$)1296

4 ①$x×6-15=57$
②12

5 式　$x×18=432$　　　　答え　24cm

6 式　$x×5+480=1230$　　答え　150円

てびき

1 ②①の式の x に2をあてはめると、
3-2=1 (m)

2 ①(1辺の長さ)×6=(まわりの長さ)
↑   ↑
x y
②①の式の x に5をあてはめると、
5×6=30　　$y=30$
③①の式の y に84をあてはめると、
$x×6=84$
$x=84÷6$
$=14$

3 ①7×$x=98$　　　　　④83-$x=59$
$x=98÷7$　　　　　$x=83-59$
$=14$　　　　　　$=24$
⑤$x-45=16$　　　　⑥$x÷12=108$
$x=16+45$　　　　$x=108×12$
$=61$　　　　　　$=1296$

4 ②$x×6-15=57$
$x×6=57+15$
$x=(57+15)÷6$
$=12$

5 底辺×高さ=平行四辺形の面積
↑   ↑   ↑
x 18   432

6 $\underset{\text{りんご5個の代金}}{x×5}$　+　$\underset{\text{ぶどうの代金}}{480}$　=　$\underset{\text{全部の代金}}{1230}$

7 ①(例) 1冊 x 円のノートを5冊買うと、代金は y 円です。
②(例) 1冊 x 円のノートを2冊と100円の消しゴムを1個買うと、代金は y 円です。

🏠 おうちのかたへ 式の中の文字や数が何を表しているのかを考えさせてください。それから問題場面をつくりましょう。

⏱ しあげの5分レッスン たし算とひき算、かけ算とわり算の関係をしっかりと理解しよう。

5 データの活用

ぴったり1 準備 **28**ページ

1 ①14.7 ②15 ③B
2 ①17 ②16

ぴったり2 練習 **29**ページ **てびき**

1 1班

2 ①

あく力調べ
13 14 15 16 17 18 19 20 21 22 23 24 25 26 27 (kg)

②一番大きい値…26kg
一番小さい値…14kg
③平均値…19kg
最頻値…20kg
中央値…18.5kg
④いえる

1 1班… $(7+3+4+6+9)÷5=5.8$(冊)
2班… $(3+8+4+10+3+5)÷6$
$=5.5$(冊)
2 ①ドットプロットに表すと、データのちらばりの様子がわかりやすくなります。
③平均値… $304÷16=19$(kg)
中央値…8番目の値は18、9番目の値は19だから、 $(18+19)÷2=18.5$(kg)

🏠 おうちのかたへ いくつかの集団のデータを比べるときに、最頻値や中央値などの代表値を使うことがあります。

⏱ しあげの5分レッスン 平均値、最頻値、中央値は、どれも代表値だよ。

ぴったり1 準備 **30**ページ

1 (1)①2 ②1 (2)①10 ②15

ぴったり2 練習 **31**ページ **てびき**

1 ①5m
②❶25m以上30m未満(の階級)
❸35m以上40m未満(の階級)
③ ソフトボール投げの記録

きょり(m)		人数(人)
15以上~20未満	一	1
20 ~25	T	2
25 ~30	正	5
30 ~35	正一	6
35 ~40	正	4
40 ~45	T	2
合計		20

1 階級ごとに区切って整理すると、データの特ちょうがわかりやすくなります。
③数え落としのないように、数えるときにデータの値を○で囲んだり、値にチェックを入れたりするとよいでしょう。

11

2 ①8時間以上 9時間未満
　②10人
　③20%

2 ①度数分布表より、最も度数が多い階級は 8時間以上 9時間未満で、度数は 13（人）。
②9時間以上 10時間未満と 10時間以上 11時間未満の度数の和を求めます。
　9+1=10（人）
③6÷30=0.2 → 20%

ぴったり1　準備　　32ページ

1 (1)4　(2)①8　②9　(3)①3　②12
　(4)①4　②5　③8　④9

ぴったり2　練習　　33ページ　　てびき

1 ①
(人)
6年生男子の身長

②150 cm 以上 155 cm 未満（の階級）

2 ①6人
②0.2 km 以上 0.4 km 未満（の階級）
③0.6 km 以上 0.8 km 未満（の階級）
④30人　⑤30 %

1 ②160 cm 以上 165 cm 未満…1番目
　155 cm 以上 160 cm 未満…2番目
　150 cm 以上 155 cm 未満…3番目から 5番目

2 ④2+4+2+9+6+5+2=30（人）
⑤0.6 km 以上 0.8 km 未満の人数は 9人です。
　9÷30=0.3　→ 30 %

ぴったり1　準備　　34ページ

1 (1)①24.8　②24.6　③25.6
　(2)①33　②40　③37
　(3)①18　②8　③8
　(4)①40　②25.6

1 (1)6年1組…(18+23+29+21+33)÷5=24.8
　6年2組…(32+34+8+9+40)÷5=24.6
　6年3組…(29+8+32+37+22)÷5=25.6

1 ①30人

②国語…80点以上90点未満(の階級)

　算数…60点以上70点未満(の階級)

③国語…20番目から26番目(のはん囲)

　算数…5番目から10番目(のはん囲)

④(例)

国語　理由…クラスでもっとよい点の人が大勢いるから。

算数　理由…クラスのなかでよいほうの点数がとれた科目なので、もっとのばしたほうがよいから。

1 ④どちらを選んでもよいですが、③の答えを考えて理由を書くとよいでしょう。

⏰**しあげの5分レッスン** データを使用する目的によって、利用する代表値(だいひょうち)は変わってくるよ。

---

1 (1)①20　②25　③45　④50

(2) 減って

---

1 ①1945年…70さい以上

　1975年…70さい以上

　2020年…0さい以上10さい未満

②(例)高れい者の人口の割合(わりあい)がどんどん増えている。

　(例)子どもや若い人の人口の割合がどんどん減っている。

　(例)下のほうが広がっていたグラフの形が、下のほうがせまいグラフの形になってきている。

2 ①約3000人

②約2600人

③(例)年々割合が大きくなっている。

⏰**しあげの5分レッスン** どんなデータを表したいかによって、使うグラフを選んでわかりやすく整理しよう。

1 日本の人口は、子どもの数が減る一方、年れいの高い人の数が増えています。これを「少子高れい化」といいます。

2 ①左の目盛(め)りで棒(ぼう)グラフを読み取ります。

1985年は約7000人、2015年は約4000人です。

②右の目盛りで折れ線グラフを読み取って、割合を求めます。

2015年の65さい以上の農業人口は、約4000人の約65%だから、

4000×0.65＝2600(人)

❶ ①
　　　　　　　　アルミかん調べ

10 11 12 13 14 15 16 17 18 19 20 21 22 23 24 25 26 27(個)

②平均値…19 個
　最頻値…22 個
　中央値…20 個

❷ 　　1週間の家庭学習の時間

時間（時間）		人数（人）
2 以上〜4 未満	正	5
4 〜6	正下	8
6 〜8	正	4
8 〜10	下	3
10 〜12	一	1
合計		21

❸ ①280cm 以上 300cm 未満（の階級）
　②25 人
　③320cm 以上 340cm 未満（の階級）
　④32%
　⑤あ、う

❹ ①スウェーデン
　②エチオピア

❶ ②平均値…361÷19＝19（個）
　中央値…データの個数が 19 だから、10 番目の
　値である 20 個が中央値になります。

❷ 数え落としや二重に数えたりしないように、注意し
　ましょう。

❸ ②1＋2＋5＋7＋6＋3＋1＝25（人）
　③グラフの右のほうから数えます。
　　340cm 以上 360cm 未満…1 番目
　　320cm 以上 340cm 未満…2 番目から 4 番目
　④280cm 未満の人数は、1＋2＋5＝8（人）
　　8÷25＝0.32 → 32%
　⑤あ…340cm 以上 360cm 未満に 1 人いますが、
　　　その人の記録はわかりません。
　　う…280cm 以上 300cm 未満に 7 人いますが、
　　　その人たちの記録はわかりません。

❹ ①スウェーデンのグラフのはばは、上と下でせま
　　くなっています。
　②エチオピアのグラフのはばは、上にいくほどせ
　　まく、細くなっています。

しあげの5分レッスン 自分で調べたいことを決めて、必要な資料を集め、表やグラフに整理してみよう。

活用 読み取る力をのばそう

❶ ① 人数…20 人、割合…10%
　② 200 人
　③ A…32÷16＝2　32×2＝64　64 人
　　 B…200×0.32＝64　64 人
　④ （人）　　あ年代別の人数

0　20　40　60　80　100（さい）

❶ ①棒グラフで人数を、円グラフで割合を読み取りま
　　す。
　②20÷0.1＝200（人）
　③40 さい以上 60 さい未満の人数の割合は全体の
　　32%、0 さい以上 20 さい未満の人数の割合は
　　全体の 16%です。
　　A　32÷16＝2（倍）
　　0 さい以上 20 さい未満の人数は 32 人だから、
　　32×2＝64（人）
　　B　200×0.32＝64（人）

② ① 本の数…360冊、割合…12%
② 3000冊
③ 本の数…600冊　棒グラフ…下の図
④ 本の数…720冊　棒グラフ…下の図

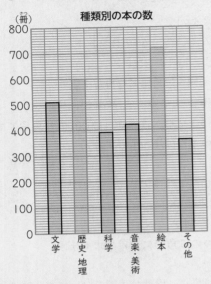

種類別の本の数
(冊)

③ 正しくない
わけ…（例）縦の軸が省かれているので、棒の長さで比べることはできないから。

② ②360 ÷ 0.12 ＝ 3000（冊）
③歴史・地理の本の数の割合は全体の20%です。
　3000 × 0.2 ＝ 600（冊）
④絵本の数の割合は全体の24%です。
　3000 × 0.24 ＝ 720（冊）

③ 2年生は620冊、6年生は410冊で、約1.5倍だから　でもよいです。

⑥ 角柱と円柱の体積

ぴったり1　準備　42ページ

① (1)①5　②2　③4　④30　⑤30
　(2)①2　②2　③5　④62.8　⑤62.8
② ①30　②8　③240　④240

ぴったり2　練習　43ページ　　てびき

① ①式　(2+7)×3÷2×4=54　　　答え　54 cm³
　②式　6×4÷2×3=36　　　　　答え　36 cm³
　③式　10×8÷2×6=240　　　　答え　240 cm³
　④式　24×3=72　　　　　　　答え　72 cm³
② ①式　10×10×3.14×5=1570
　　　　　　　　　　　　　　答え　1570 cm³
　②式　1×1×3.14×7=21.98
　　　　　　　　　　　　　　答え　21.98 cm³
　③式　6÷2=3
　　　　3×3×3.14×8=226.08
　　　　　　　　　　　　　　答え　226.08 cm³
③ ①式　7×4÷2+5×7=49　　　答え　49 cm²
　②式　49×3=147　　　　　　答え　147cm³

しあげの5分レッスン 角柱の体積を求めるときは、底面の形を正しく判断することが大切だよ。

① 角柱の体積＝底面積×高さ
　①台形の面積＝(上底＋下底)×高さ÷2
　②ひし形の面積＝対角線×対角線÷2
　③三角柱を横にした図です。

② 円柱の体積＝底面積×高さ
　　　　　　　　↓
　　円の面積＝半径×半径×円周率

③ 手前の三角形と長方形を組み合わせた面を底面とする角柱とみます。
　①底辺7cm、高さ4cmの三角形の面積と、縦5cm、横7cmの長方形の面積を合わせます。
　②高さは3cmです。

① ①底面積×高さ
②底面積…4cm²、体積…12cm³
③底面積…50.24cm²、体積…251.2cm³

② ①式　8×12÷2×4＝192　　答え　192cm³
②式　(2+3)×5÷2×6＝75
　　　　　　　　　　　答え　75cm³
③式　8×3×10＝240　　答え　240cm³
④式　1×1×3.14×6＝18.84
　　　　　　　　　　答え　18.84cm³

③ 式　432÷12＝36　　　答え　36cm²

④ 式　8×2÷2+8×5÷2+7×3÷2＝38.5
　　　38.5×6＝231　　　答え　231cm³

⑤ 式　3×3×2−1×1×3.14×2＝11.72
　　　　　　　　　　答え　11.72cm³

⑥ 式　3×3×3.14×7＝197.82
　　　　　　　　答え　197.82cm³

しあげの5分レッスン まちがえた問題をもう一度やってみよう。

① 底面の面積が底面積です。体積の公式をしっかり理解しておきましょう。
②底面積…4×2÷2＝4
　体積…4×3＝12
③底面積…4×4×3.14＝50.24
　体積…50.24×5＝251.2

② ①ひし形の面積＝対角線×対角線÷2
②台形の面積＝(上底＋下底)×高さ÷2
③底面が平行四辺形、高さが10cmの四角柱です。
④底面の円の半径は1cmです。

③ 底面積を$x$cm²とすると、
$x×12＝432$
$x＝432÷12$

④ 底面積は3つの三角形に分けて求めます。

⑤ 四角柱の体積から、円柱の体積をひいて求めます。
四角柱の体積は、3×3×2＝18(cm³)
円柱の体積は、1×1×3.14×2＝6.28(cm³)
だから、18−6.28＝11.72(cm³)

⑥ 入れた水の体積は、底面の半径が3cmで高さが7cmの円柱の体積と同じです。

おうちのかたへ まず、底面積が正しく求められているかを確認してください。

7 分数のかけ算

① ①3　②2
② (1)①3　②5　③$\frac{9}{20}$　(2)$\frac{1}{12}$　(3)①1　②$\frac{6}{7}$　(4)$\frac{2}{21}$

① ①$\frac{4}{45}$　②$\frac{25}{42}$　③$\frac{32}{15}\left(2\frac{2}{15}\right)$　④$\frac{5}{14}$
⑤$\frac{2}{5}$　⑥$\frac{3}{8}$　⑦$\frac{15}{4}\left(3\frac{3}{4}\right)$　⑧$\frac{8}{3}\left(2\frac{2}{3}\right)$
⑨6　⑩$\frac{7}{30}$　⑪$\frac{13}{54}$　⑫$\frac{25}{12}\left(2\frac{1}{12}\right)$

① 分母どうし、分子どうしをかけて計算します。また、約分は計算のとちゅうでします。
④$\frac{3}{7}×\frac{5}{6}=\frac{3×5}{7×6}=\frac{5}{14}$
⑤$\frac{8}{15}×\frac{3}{4}=\frac{8×3}{15×4}=\frac{2}{5}$
⑦$5×\frac{3}{4}=\frac{5×3}{1×4}=\frac{15}{4}\left(3\frac{3}{4}\right)$
⑩$\frac{7}{10}×\frac{5}{9}×\frac{3}{5}=\frac{7×5×3}{10×9×5}=\frac{7}{30}$

② 式 $\frac{2}{5} \times \frac{2}{3} = \frac{4}{15}$ 　　答え $\frac{4}{15}$ m³

② （１分間に入れる量）×（時間（分））＝（入る水の量）

③ 式 $\frac{4}{7} \times \frac{5}{8} = \frac{5}{14}$ 　　答え $\frac{5}{14}$ kg

③ （１ｍの重さ）×（長さ（m））＝（全体の重さ）

⏱ しあげの5分レッスン 約分できるときは、とちゅうで約分すると計算が簡単になるよ。

ぴったり1 準備　48ページ

1 (1) $\frac{4}{3}\left(1\frac{1}{3}\right)$ (2)① 7 ② $\frac{1}{7}$ (3)① 9 ② $\frac{10}{9}\left(1\frac{1}{9}\right)$ (4)① 12 ② $\frac{5}{12}$

2 ① 小さく ②③あ、え

ぴったり2 練習　49ページ　　　　　　　**てびき**

1 ① $\frac{8}{5}\left(1\frac{3}{5}\right)$ ② $\frac{4}{11}$ ③ 6

④ $\frac{1}{9}$ ⑤ $\frac{10}{7}\left(1\frac{3}{7}\right)$ ⑥ $\frac{10}{13}$

2 ①あ、え
②お

3 1、2、3、4

4 ① < ② > ③ <

1 ④整数は分母が１の分数と考えます。

$$9 = \frac{9}{1}$$

⑤小数は分数になおして考えます。

$$0.7 = \frac{7}{10}$$

2 ①かける数が１より小さいとき、積はかけられる数より小さくなります。
②かける数が１のとき、積はかけられる数と同じになります。

3 かける数＜１になるようにします。分子が５以上の仮分数だと、かける数が１以上になります。１より大きい数をかけると、積はかけられる数より大きくなります。また、１より小さい数をかけると、積はかけられる数より小さくなります。

4 ① $\frac{4}{5}$ は１より小さいから、 $\frac{3}{8} \times \frac{4}{5} < \frac{3}{8}$

⏱ しあげの5分レッスン かける数が分数のときの積の大きさの関係は、小数をかけるときと同じだね。

ぴったり1 準備　50ページ

1 ① $\frac{2}{3}$ ② $\frac{4}{5}$ ③ $\frac{8}{15}$ ④ $\frac{8}{15}$

2 ① $\frac{1}{3}$ ② $\frac{1}{3}$ ③ $\frac{1}{3}$ ④ $\frac{1}{27}$ ⑤ $\frac{1}{27}$

3 (1)① 15 ② $\frac{1}{5}$ ③ 3 ④ 13 (2)① 5 ② 7 ③ 6

ぴったり2 練習　51ページ　　　　　　　**てびき**

1 式 $\frac{2}{5} \times \frac{5}{8} = \frac{1}{4}$ 　　答え $\frac{1}{4}$ m²

2 式 $\frac{3}{7} \times \frac{3}{7} = \frac{9}{49}$ 　　答え $\frac{9}{49}$ m²

1 辺の長さが分数になっても、面積の公式が使えます。
長方形の面積＝縦×横　です。

2 正方形の面積＝１辺×１辺　で求められます。

❸ 式 $\frac{2}{3}\times\frac{7}{8}\times\frac{4}{5}=\frac{7}{15}$　答え $\frac{7}{15}$ m^3

❹ ①$\frac{7}{10}$　②11

③$\frac{3}{4}$　④$\frac{4}{39}$

おうちのかたへ　くふうして計算すると、簡単に計算できる場合があるという便利さを実感させてください。

しあげの5分レッスン　整数や小数のかけ算のときに成り立った計算のきまりは、分数のかけ算でも成り立つんだね。

❸ 直方体の体積＝縦(たて)×横×高さ　です。約分に注意して計算しましょう。

❹ ①$\left(\frac{7}{10}\times\frac{3}{4}\right)\times\frac{4}{3}=\frac{7}{10}\times\left(\frac{3}{4}\times\frac{4}{3}\right)$

$=\frac{7}{10}\times1=\frac{7}{10}$

②$\left(\frac{5}{6}-\frac{2}{9}\right)\times18=\frac{5}{6}\times18-\frac{2}{9}\times18$

$=15-4=11$

③$\frac{5}{8}$と$\frac{3}{8}$が、たして 1 になることに着目します。

$\frac{3}{4}\times\frac{5}{8}+\frac{3}{4}\times\frac{3}{8}=\frac{3}{4}\times\left(\frac{5}{8}+\frac{3}{8}\right)$

$=\frac{3}{4}\times1=\frac{3}{4}$

④$\frac{12}{13}\times\frac{8}{9}-\frac{12}{13}\times\frac{7}{9}=\frac{12}{13}\times\left(\frac{8}{9}-\frac{7}{9}\right)$

$=\frac{12}{13}\times\frac{1}{9}=\frac{\overset{4}{\cancel{12}}\times1}{13\times\underset{3}{\cancel{9}}}=\frac{4}{39}$

ぴったり3 確かめのテスト 52〜53ページ

❶ ①$\frac{3}{7}\times\frac{5}{8}=\frac{3\times\boxed{5}}{7\times\boxed{8}}=\boxed{\frac{15}{56}}$

②$4\times\frac{3}{5}=\frac{4}{\boxed{1}}\times\frac{3}{5}=\boxed{\frac{12}{5}}\left(2\frac{2}{5}\right)$

❷ ①$\frac{6}{5}\left(1\frac{1}{5}\right)$　②8

③$\frac{1}{6}$　④$\frac{10}{29}$

❸ ⓘ、ⓔ

❹ ①$\frac{1}{2}$　②$\frac{3}{5}$、$\frac{1}{4}$

❺ ①19　②$\frac{5}{3}\left(1\frac{2}{3}\right)$

❻ ①$\frac{4}{21}$　②$\frac{5}{12}$　③$\frac{2}{9}$　④$\frac{7}{4}\left(1\frac{3}{4}\right)$

⑤$\frac{15}{8}\left(1\frac{7}{8}\right)$　⑥$\frac{3}{2}\left(1\frac{1}{2}\right)$　⑦$\frac{2}{21}$　⑧6

てびき

❶ ①分数に分数をかける計算では、分母どうし、分子どうしをそれぞれかけます。

②4は$\frac{4}{1}$と考えます。

❷ 整数や小数の逆数は、分数になおして考えます。

❸ 積がかけられる数より小さくなるのは、かける数が 1 より小さい数のときです。

❹ 分数についても、計算のきまりが成り立ちます。

❺ ①$\left(\frac{1}{4}+\frac{7}{10}\right)\times20=\frac{1}{4}\times20+\frac{7}{10}\times20$

$=\frac{1\times\overset{5}{\cancel{20}}}{\underset{1}{\cancel{4}}}+\frac{7\times\overset{2}{\cancel{20}}}{\underset{1}{\cancel{10}}}=5+14=19$

②$8\times\frac{5}{9}-5\times\frac{5}{9}=(8-5)\times\frac{5}{9}$

$=3\times\frac{5}{9}=\frac{\overset{1}{\cancel{3}}\times5}{1\times\underset{3}{\cancel{9}}}=\frac{5}{3}\left(1\frac{2}{3}\right)$

❻ ②$\frac{5}{9}\times\frac{3}{4}=\frac{5\times\overset{1}{\cancel{3}}}{\underset{3}{\cancel{9}}\times4}=\frac{5}{12}$

④$3\times\frac{7}{12}=\frac{\overset{1}{\cancel{3}}\times7}{1\times\underset{4}{\cancel{12}}}=\frac{7}{4}\left(1\frac{3}{4}\right)$

⑦$\frac{1}{4}\times\frac{3}{7}\times\frac{8}{9}=\frac{1\times\overset{1}{\cancel{3}}\times\overset{2}{\cancel{8}}}{\underset{1}{\cancel{4}}\times7\times\underset{3}{\cancel{9}}}=\frac{2}{21}$

7 式 $\dfrac{4}{3}\times\dfrac{3}{5}=\dfrac{4}{5}$ 　　　答え $\dfrac{4}{5}$ kg

7 $\dfrac{4}{3}\times\dfrac{3}{5}=\dfrac{\overset{1}{4}\times\overset{}{3}}{\underset{}{3}\times\underset{1}{5}}=\dfrac{4}{5}$

8 式 $\dfrac{6}{7}\times\dfrac{21}{4}=\dfrac{9}{2}\left(4\dfrac{1}{2}\right)$ 　答え $\dfrac{9}{2}\left(4\dfrac{1}{2}\right)$ dL

8 $\dfrac{6}{7}\times\dfrac{21}{4}=\dfrac{\overset{3}{6}\times\overset{3}{21}}{\underset{1}{7}\times\underset{2}{4}}=\dfrac{9}{2}\left(4\dfrac{1}{2}\right)$

9 式 $\dfrac{5}{6}\times\dfrac{1}{2}\times\dfrac{2}{5}=\dfrac{1}{6}$ 　　　答え $\dfrac{1}{6}$ m³

9 $\dfrac{5}{6}\times\dfrac{1}{2}\times\dfrac{2}{5}=\dfrac{\overset{1}{5}\times1\times\overset{1}{2}}{6\times\underset{1}{2}\times\underset{1}{5}}=\dfrac{1}{6}$

> **⏰しあげの5分レッスン** まちがえた問題をもう一度やってみよう。

> **🏠おうちのかたへ** 分数の計算では、途中の計算をきちんと書くことが、ミスをなくすことにつながります。

8 分数のわり算

> **ぴったり1 準備** **54** ページ

1 ①3　②4

2 (1)①$\dfrac{7}{3}$　②7　③3　④$\dfrac{35}{18}\left(1\dfrac{17}{18}\right)$　(2)①15　②4　③4　④$\dfrac{35}{16}\left(2\dfrac{3}{16}\right)$

> **ぴったり2 練習** **55** ページ 　　　　　　　　　　　　　**てびき**

1 ①$\dfrac{9}{40}$　②$\dfrac{21}{20}\left(1\dfrac{1}{20}\right)$　③$\dfrac{25}{36}$

④$\dfrac{36}{35}\left(1\dfrac{1}{35}\right)$　⑤$\dfrac{35}{12}\left(2\dfrac{11}{12}\right)$　⑥$\dfrac{15}{56}$

⑦$\dfrac{15}{14}\left(1\dfrac{1}{14}\right)$　⑧$\dfrac{2}{3}$　⑨$\dfrac{4}{3}\left(1\dfrac{1}{3}\right)$

⑩$\dfrac{9}{8}\left(1\dfrac{1}{8}\right)$　⑪$\dfrac{3}{4}$　⑫$\dfrac{12}{5}\left(2\dfrac{2}{5}\right)$

2 式 $\dfrac{4}{5}\div\dfrac{3}{4}=\dfrac{16}{15}\left(1\dfrac{1}{15}\right)$

　　　　　　　　答え $\dfrac{16}{15}\left(1\dfrac{1}{15}\right)$m³

3 式 $\dfrac{4}{7}\div\dfrac{8}{9}=\dfrac{9}{14}$ 　　　答え $\dfrac{9}{14}$kg

1 分数を分数でわる計算では、わられる数に、わる数の逆数をかけます。

①$\dfrac{1}{8}\div\dfrac{5}{9}=\dfrac{1}{8}\times\dfrac{9}{5}=\dfrac{9}{40}$

2 （入れた水の量）÷（かかった時間）

＝（1時間に入れた水の量）

3
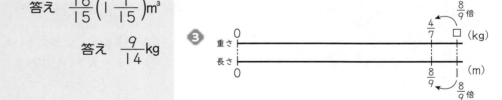

> **⏰しあげの5分レッスン** 分数÷分数の計算では、わる数の逆数をかけるんだね。

> **ぴったり1 準備** **56** ページ

1 ①5　②9　③$\dfrac{4}{21}$

2 ①1　②1　③7　④2　⑤$\dfrac{21}{2}\left(10\dfrac{1}{2}\right)$

3 (1)①$\dfrac{7}{2}$　②$\dfrac{2}{35}$　③$\dfrac{2}{35}$　(2)①$\dfrac{1}{5}$　②$\dfrac{35}{2}\left(17\dfrac{1}{2}\right)$　③$\dfrac{35}{2}\left(17\dfrac{1}{2}\right)$

❶ ① $\dfrac{10}{3}\left(3\dfrac{1}{3}\right)$ ② $\dfrac{15}{28}$ ③ $\dfrac{3}{28}$

④ $\dfrac{3}{8}$ ⑤ $\dfrac{7}{15}$ ⑥ $\dfrac{5}{2}\left(2\dfrac{1}{2}\right)$

🏠 **おうちのかたへ** 約分を計算の途中でしているか、確認
してください。

❷ ① $\dfrac{40}{3}\left(13\dfrac{1}{3}\right)$ ② $\dfrac{33}{2}\left(16\dfrac{1}{2}\right)$ ③2

④ $\dfrac{15}{2}\left(7\dfrac{1}{2}\right)$ ⑤6 ⑥ $\dfrac{9}{2}\left(4\dfrac{1}{2}\right)$

❸ ①式 $\dfrac{2}{3}\div\dfrac{4}{5}=\dfrac{5}{6}$　　　　答え $\dfrac{5}{6}$ kg

②式 $\dfrac{4}{5}\div\dfrac{2}{3}=\dfrac{6}{5}\left(1\dfrac{1}{5}\right)$　答え $\dfrac{6}{5}\left(1\dfrac{1}{5}\right)$ m

❶ ① $\dfrac{3}{4}\times\dfrac{5}{9}\div\dfrac{1}{8}=\dfrac{\overset{1}{3}\times5\times\overset{2}{8}}{4\times\underset{3}{9}\times1}=\dfrac{10}{3}\left(3\dfrac{1}{3}\right)$

③ $\dfrac{2}{7}\div\dfrac{5}{3}\times\dfrac{5}{8}=\dfrac{\overset{1}{2}\times3\times5}{7\times5\times8}=\dfrac{3}{28}$

⑤ $\dfrac{2}{9}\div\dfrac{5}{6}\div\dfrac{4}{7}=\dfrac{2\times\overset{21}{6}\times7}{\underset{3}{9}\times5\times\underset{21}{4}}=\dfrac{7}{15}$

❷ ①$8\div\dfrac{3}{5}=\dfrac{8\times5}{1\times3}=\dfrac{40}{3}\left(13\dfrac{1}{3}\right)$

④$2\div\dfrac{1}{3}\div\dfrac{4}{5}=\dfrac{2\times3\times5}{1\times1\times\underset{2}{4}}=\dfrac{15}{2}\left(7\dfrac{1}{2}\right)$

⑤$5\times\dfrac{3}{7}\div\dfrac{5}{14}=\dfrac{\overset{1}{5}\times3\times\overset{2}{14}}{1\times\underset{1}{7}\times\underset{1}{5}}=6$

❸ ①

（全体の重さ）÷（長さ(m)）＝（1mの重さ）

💡 **しあげの5分レッスン** 計算のとちゅうの式は、ていねいに書くことを心がけよう。約分の小さい数字を見落とさない
ようにしようね。

1 ①小さく ②③あ、う
2 ①15 ②15 ③2 ④15 ⑤2 ⑥15
3 ①24 ② $\dfrac{8}{5}\left(1\dfrac{3}{5}\right)$

❶ う
❷ ①< ②> ③<

❸ ① $\dfrac{3}{5}$ ② $\dfrac{7}{6}\left(1\dfrac{1}{6}\right)$ ③ $\dfrac{7}{10}$ ④ $\dfrac{2}{3}$
⑤ $\dfrac{5}{14}$ ⑥ $\dfrac{7}{15}$

❶ わる数が1より小さいものを選びます。
❷ 1より大きい数でわると、商はわられる数より小さ
くなり、1より小さい数でわると、商はわられる数
より大きくなります。
❸ ②$1.4\times\dfrac{5}{6}=\dfrac{14}{10}\times\dfrac{5}{6}=\dfrac{\overset{7}{14}\times\overset{1}{5}}{\underset{2}{10}\times\underset{3}{6}}=\dfrac{7}{6}\left(1\dfrac{1}{6}\right)$

⑥$4.9\div\dfrac{21}{2}=\dfrac{49}{10}\div\dfrac{21}{2}=\dfrac{49}{10}\times\dfrac{2}{21}$

$=\dfrac{\overset{7}{49}\times\overset{1}{2}}{\underset{5}{10}\times\underset{3}{21}}=\dfrac{7}{15}$

④ ① $\frac{1}{2}$ ② $\frac{7}{8}$ ③ $\frac{3}{4}$

④ $\frac{4}{9}$ ⑤ $\frac{20}{3}\left(6\frac{2}{3}\right)$ ⑥ $\frac{28}{5}\left(5\frac{3}{5}\right)$

⏱ **しあげの5分レッスン** これまでに学習した整数や小数のかけ算やわり算は、どれも分数のかけ算として計算することができるね。

④ かけ算だけの式になおして計算します。
小数は、分数になおします。

① $\frac{3}{4} \times \frac{2}{5} \div 0.6 = \frac{3}{4} \times \frac{2}{5} \div \frac{6}{10}$

$= \frac{\overset{1}{\cancel{3}} \times \overset{1}{\cancel{2}} \times \overset{21}{\cancel{10}}}{\underset{12}{\cancel{4}} \times \underset{1}{\cancel{5}} \times \underset{2}{\cancel{6}}} = \frac{1}{2}$

⑥ $2.8 \div 0.6 \times 1.2 = \frac{28}{10} \div \frac{6}{10} \times \frac{12}{10}$

$= \frac{28 \times \overset{1}{\cancel{10}} \times \overset{21}{\cancel{12}}}{\underset{1}{\cancel{10}} \times \underset{1}{\cancel{6}} \times \underset{5}{\cancel{10}}} = \frac{28}{5}\left(5\frac{3}{5}\right)$

ぴったり1 準備 〔60 ページ〕

1 ① $\frac{13}{4}$ ② $\frac{13}{9}$ ③ $\frac{13}{9}$ ④ $\frac{13}{4}$ ⑤ $\frac{4}{9}$ ⑥ $\frac{4}{9}$

2 ①30 ② $\frac{1}{6}$ ③ $\frac{1}{6}$ ④5 ⑤5

3 ① $\frac{7}{12}$ ②108 ③108

ぴったり2 練習 〔61 ページ〕 てびき

1 式 $\frac{7}{6} \div \frac{2}{3} = \frac{7}{4}\left(1\frac{3}{4}\right)$ 答え $\frac{7}{4}\left(1\frac{3}{4}\right)$倍

1 $\frac{7}{6}$ ÷ $\frac{2}{3}$ = $\frac{7}{4}$

| 比べる量 | ÷ | もとにする量 | = | 割合（わりあい） |

2 式 $48 \times \frac{3}{4} = 36$ 答え 36kg

2 48 × $\frac{3}{4}$ = 36

| もとにする量 | × | 割合 | = | 比べる量 |

3 式 $2500 \times \frac{4}{5} = 2000$ 答え 2000円

3 2500 × $\frac{4}{5}$ = 2000

| もとにする量 | × | 割合 | = | 比べる量 |

4 式 $x \times \frac{2}{3} = \frac{25}{6}$

$x = \frac{25}{6} \div \frac{2}{3} = \frac{25}{4}\left(6\frac{1}{4}\right)$

答え $\frac{25}{4}\left(6\frac{1}{4}\right)$m

4 赤いテープの長さを xm とすると、

$x \times \frac{2}{3} = \frac{25}{6}$

$x = \frac{25}{6} \div \frac{2}{3} = \frac{25}{4}\left(6\frac{1}{4}\right)$

⏱ **しあげの5分レッスン** 問題文を読むときに、何がもとにする量になるのかを考えよう。

1 ①(上から順に) 7、2、$\frac{7}{8}$

　②(上から順に) 10、$\frac{10}{7}$、$\frac{40}{63}$

2 ⑦

3 ① $\frac{5}{36}$　② $\frac{9}{7}\left(1\frac{2}{7}\right)$　③ $\frac{5}{12}$

　④ $\frac{1}{14}$　⑤ $\frac{3}{14}$　⑥ $\frac{36}{7}\left(5\frac{1}{7}\right)$

　⑦ $\frac{15}{2}\left(7\frac{1}{2}\right)$　⑧ 15　⑨ $\frac{1}{8}$

4 ① $\frac{5}{16}$　② $\frac{1}{4}$

　③ 5　④ $\frac{5}{3}\left(1\frac{2}{3}\right)$

5 式　$\frac{27}{5}\div\frac{3}{5}=9$　　　　答え　9本

6 式　$750\times\frac{3}{25}=90$　　　答え　90人

7 式　$\frac{51}{14}\div\frac{17}{7}=\frac{3}{2}\left(1\frac{1}{2}\right)$　答え　$\frac{3}{2}\left(1\frac{1}{2}\right)$倍

8 式　$\frac{7}{2}\times\left(\frac{7}{2}\div\frac{5}{12}\right)=\frac{147}{5}\left(29\frac{2}{5}\right)$

　　　　　答え　$\frac{147}{5}\left(29\frac{2}{5}\right)$m²

🏠 **おうちのかたへ** 割合の問題は、簡単な図をかいて、その関係を理解させます。

⏱ **しあげの5分レッスン** まちがえた計算の答えの確かめをしてみよう。

---

1 ①分数を分数でわる計算は、わられる数にわる数の逆数をかけます。

　②小数を、分母が10の分数と考えて計算します。

2 商が、わられる数 $\frac{3}{7}$ より大きくなるのは、わる数が1より小さいときです。

3 ⑥ $\frac{6}{7}\div\frac{3}{8}\div\frac{4}{9}=\frac{6\times\overset{2}{8}\times\overset{2}{9}}{7\times\underset{1}{3}\times\underset{1}{4}}=\frac{36}{7}\left(5\frac{1}{7}\right)$

　⑨ $\frac{3}{10}\div6\times2\frac{1}{2}=\frac{3\times1\times\overset{1}{5}}{\underset{2}{10}\times6\times\underset{2}{2}}=\frac{1}{8}$

4 小数は分数になおして計算します。また、かけ算とわり算の混じった計算は、かけ算だけの式になおして計算します。

　③ $\frac{7}{4}\div\frac{7}{8}\times2.5=\frac{7}{4}\div\frac{7}{8}\times\frac{25}{10}$

　　　$=\frac{\overset{1}{7}\times\overset{2}{8}\times\overset{5}{25}}{\underset{1}{4}\times\underset{1}{7}\times\underset{2}{10}}=5$

　④ $\frac{6}{7}\div1.8\div\frac{2}{7}=\frac{6}{7}\div\frac{18}{10}\div\frac{2}{7}$

　　　$=\frac{\overset{1}{6}\times\overset{5}{10}\times\overset{1}{7}}{\underset{1}{7}\times\underset{3}{18}\times\underset{1}{2}}=\frac{5}{3}\left(1\frac{2}{3}\right)$

5 文章題は、整数のときと同じように、言葉の式で考えます。

(全体の長さ)÷(1本分の長さ)=(本数)です。

6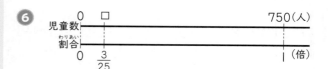

7

8 はじめに、横の長さを求めます。

横の長さ… $\frac{7}{2}\div\frac{5}{12}=\frac{42}{5}$(m)

次に面積を求めると、

$\frac{7}{2}\times\frac{42}{5}=\frac{147}{5}\left(29\frac{2}{5}\right)$(m²)

9 場合の数

ぴったり1 準備 **64**ページ

1 ①リ ②リ ③リ ④ツ ⑤ヒ ⑥キ ⑦リ ⑧キ ⑨ツ ⑩6 ⑪6 ⑫4 ⑬24

ぴったり2 練習 **65**ページ　　　　　　　　　　　　**てびき**

1 6通り

1 図を使って調べると、

左　まん中　右

あ ━ え ━ し
　　　し ━ え
え ━ あ ━ し
　　　し ━ あ
し ━ あ ━ え
　　　え ━ あ

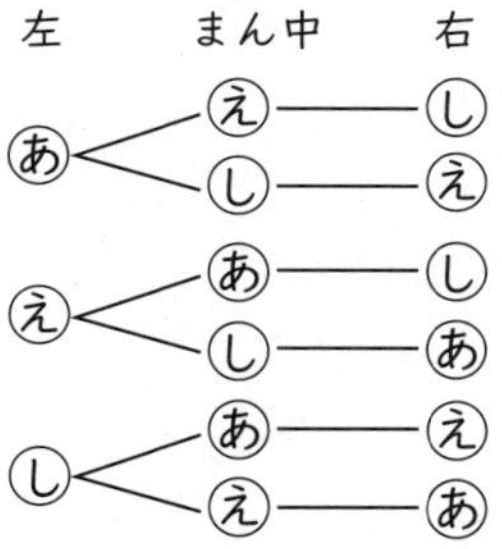

あやかさん…あ
えりなさん…え
しおりさん…し

2 205、250、502、520

2 百の位の数は2か5です。

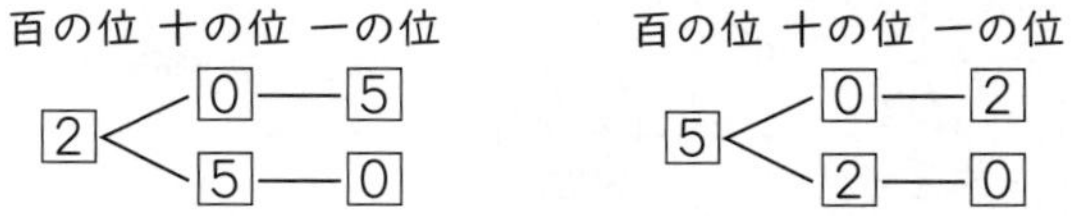

百の位 十の位 一の位　　　　百の位 十の位 一の位

2 ━ 0 ━ 5　　　　5 ━ 0 ━ 2
　　5 ━ 0　　　　　　2 ━ 0

3 12個

3 十の位が 1 のとき、下の図より3個。

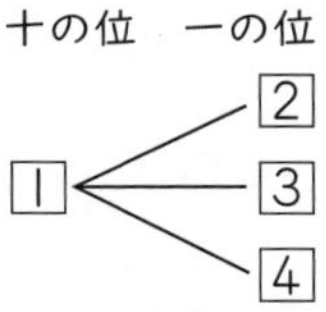

十の位　一の位

1 ━ 2
　━ 3
　━ 4

十の位が、2、3、4のときも3個ずつできるから、
3×4＝12（個）

4 4通り

4 おもてを○、裏を●として図をかくと、

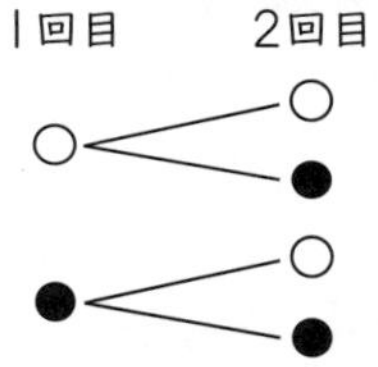

1回目　　2回目

○ ━ ○
　 ━ ●
● ━ ○
　 ━ ●

5 8通り

5 白のご石を○、黒のご石を●とします。
1回目が白のとき、下の図より4通り。

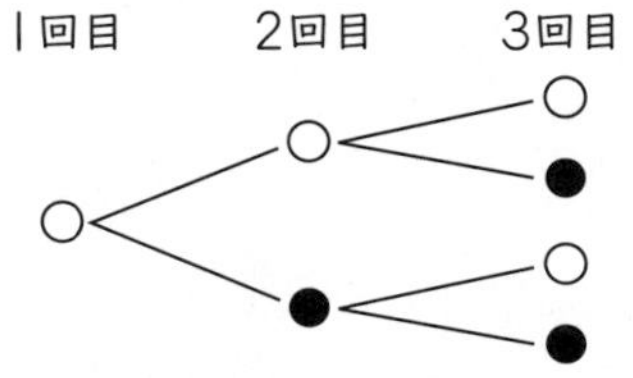

1回目　　2回目　　3回目

○ ━ ○ ━ ○
　　　 ━ ●
　 ━ ● ━ ○
　　　 ━ ●

1回目が黒のときも4通りあるから、全部で
4×2＝8（通り）

> **しあげの5分レッスン** 並べ方を求めるときは、図をかいて確認しよう。

ぴったり1 準備 **66**ページ

1 ①B ②C ③C ④B ⑤3 ⑥3 ⑦3

23

❶ ①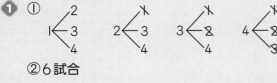

② 6試合

❷ ①
	A	B	C	D	E
A		○	○	○	○
B			○	○	○
C				○	○
D					○
E					

② 10 試合

❸ ①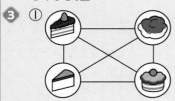

② 6通り

❹ 4 通り

❶ ①「1組対2組」と「2組対1組」は同じ組み合わせです。ここでは「2組対1組」を消します。
②消さなかった試合の数になります。

❷ ②表の○をつけた部分を数えると 10 個あります。

❸ ②線の数が、全部の組み合わせの数になります。

🏠 おうちのかなへ　線や○などを数えるときは、数え間違いをしないように、数えたものに印をつけるとよいです。

❹ りんご…り、みかん…み、ぶどう…ぶ、なし…なとして図をかくと、

選ばない 1 種類を考えて求めてもよいです。

❶ ①(左から) 7、7、6
②6個
③24 個

❷ ①ア…2組と3組（3組と2組）
　イ…2組と4組（4組と2組）
②6試合

❸ ①18 個
②6個

❶ ③千の位の数が6、7、8のときも、それぞれ6個できるから、全部で、6×4＝24（個）できます。

❷ ②表では、○をつけた部分の数を、図では、線の数を数えます。

❸ ①百の位の数が3のとき、下の図から、3けたの整数は6個できます。

百の位　　十の位　　　一の位

3 — 0 — 5
　　　　9
　— 5 — 0
　　　　9
　— 9 — 0
　　　　5

百の位の数は3か5か9で、それぞれのときに6個ずつできるから、全部で、6×3＝18（個）
②3けたの整数が偶数になるのは、一の位の数が0になるときです。百の位の数が3か5か9のそれぞれのときに2個ずつできるので、全部で、2×3＝6（個）

④ 10通り

⑤ ①6通り
②12通り

⑥ 9通り

⑦ 15円、55円、60円、105円、110円、150円、505円、510円、550円、600円

しあげの5分レッスン 落ちや重なりをなくすには、図や表をきちんとかこう。

④ 図または表をかいて調べます。

⑤ ①こうたさんが先頭になるとき、下の図から、並び方は6通りあります。

こうたさん…ⓒ　だいきさん…ⓓ
ゆかさん……ⓨ　なつきさん…ⓝ

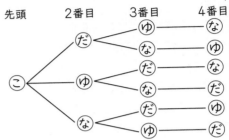

②ゆかさんが先頭になるときとなつきさんが先頭になるときは、①のこうたさんのときと同じでそれぞれ6通りあります。全部で、6×2＝12（通り）

⑥ フルーツでバナナを選んだとき、ソースの選び方は3通りあります。同じようにいちごとパイナップルを選んだときもそれぞれ3通りずつあります。組み合わせは全部で、3×3＝9（通り）

⑦ 2枚を選ぶ組み合わせを考えて、その1つ1つについて、金額を出していきます。

	5円玉	10円玉	50円玉	100円玉	500円玉
5円玉		15円	55円	105円	505円
10円玉			60円	110円	510円
50円玉				150円	550円
100円玉					600円
500円玉					

活用 読み取る力をのばそう

どの行き方がいいかな 70～71 ページ

てびき

1 ①1000円かかって、49分で着く。
　②行き方…タクシー－バス－バス
　　代金…1460円、時間…34分
　③・お兄さん
　　　行き方…電車－船－バス
　　　代金…1140円、時間…46分
　　・お姉さん
　　　行き方…バス－バス－徒歩Ⓐ
　　　代金…780円、時間…63分
　　・お母さん
　　　行き方…電車－バス－徒歩Ⓑ
　　　代金…820円、時間…47分
　　・お父さん
　　　行き方…電車－バス－バス
　　　代金…1040円、時間…39分

①中央駅(中)→みなと駅(み)→みさき港(港)
　→水族館(水)の、バスの料金と時間をそれぞれたします。
　380+400+220=1000（円）
　25+18+6=49（分）
②次の目的地まで一番早い移動手段をそれぞれ選びます。
　840+400+220=1460（円）
　10+18+6=34（分）
③お兄さん…(み)→(港)で船、(港)→(水)でバスを選ぶと、(中)→(み)はタクシーか電車です。料金の安いほうを選びます。
　お姉さん…(中)→(み)、(み)→(港)でバス、(港)→(水)で平らな道の徒歩を選びます。
　お母さん…900円以内になるのは、(中)→(み)でバス、(港)→(水)で徒歩を選んだときと、(中)→(み)で電車、(み)→(港)でバス、(港)→(水)で徒歩を選んだときです。そのうち一番時間の早いものを選びます。
　お父さん…(中)→(み)でタクシーか電車、(み)→(港)、(港)→(水)でバスを選べば40分以内になります。そのうち安いほうを選びます。

⑩ 比

ぴったり1 準備 72 ページ

1 ①5　②5　③20　④12　⑤20
2 ①3　②3　③4

ぴったり2 練習 73 ページ

てびき

1 ①7:10　②15:11　③3:4
　④800:1000（0.8:1）
　⑤10:2（1:0.2）
　⑥120:80 $\left(2:1\frac{1}{3}\right)$
2 ①200:70　②70:40
3 ①3kg　②4kg　③12kg

1 単位がちがうときには、単位をそろえてから比をつくります。
2 記号「:」を使って表した割合を比といいます。
3 ①36kgを12とみているから、
　　36÷12=3（kg）
　②36kgを9とみているから、36÷9=4（kg）
　③36kgを3とみているから、36÷3=12（kg）

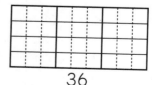
36

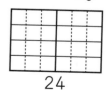
24

😊しあげの5分レッスン ○と△の割合と聞かれたら、文章に出てきた順に○:△と表そう。

ぴったり1 準備 74 ページ

1 (1)2　(2)①8　②4
2 (1)3　(2)①5　②1　(3)①45　②18　③9

26

❶ ①$\dfrac{4}{7}$　②$\dfrac{1}{3}$　③$\dfrac{5}{4}$　④2

❷ 4：12

❸ ①6：14、9：21 など
　②3：5、12：20 など

❹ ①8：3　②2：5　③7：3　④5：3
　⑤5：2　⑥2：3　⑦9：8　⑧13：10

❺ ①2：3　②4：1　③2：5　④6：1
　⑤2：3　⑥9：14　⑦1：2　⑧4：15

❶ $a：b$ の比の値は、$a \div b = \dfrac{a}{b}$

❷ 2：6 の比の値は $\dfrac{1}{3}$ だから、比の値が $\dfrac{1}{3}$ である比を見つけます。それぞれの比の値を求めると、

6：2 → $\dfrac{6}{2}=3$（×）　4：8 → $\dfrac{4}{8}=\dfrac{1}{2}$（×）

4：12 → $\dfrac{4}{12}=\dfrac{1}{3}$（○）　1：2 → $\dfrac{1}{2}$（×）

❸ $a：b$ の、a と b に同じ数をかけても、a と b を同じ数でわっても比が等しくなることを使います。次のような答えもあります。
①12：28、30：70、300：700 など
②18：30、24：40、9：15、60：100 など

❹ ①24：9=(24÷3)：(9÷3)=8：3
⑦540：480=54：48=(54÷6)：(48÷6)
　　　　　　　　　　　=9：8
⑧910：700=91：70=(91÷7)：(70÷7)
　　　　　　　　　　　=13：10

❺ 小数や分数で表された比は、整数になおしてから簡単にします。
①両方の数に 10 をかけて整数にします。
⑧分母の最小公倍数の 18 をかけて整数にします。

🕐 **しあげの5分レッスン** 比を簡単にするときは、それ以上小さい整数にできないことを確認しよう。

---

1 (1)①5　②40　(2)①2　②21
2 ①x　②63　③9　④9　⑤9　⑥36　⑦36
3 ①5　②30　③90　④90

---

❶ ①25　②18
　③3　④8

❷ 式　動物を飼っていない人の人数を x 人とすると、
　　5：4=20：x
　　　x=4×4
　　　　=16　　　　　　　　　答え　16人

❸ 式　縦の長さを x cm とすると、
　　3：7=x：21
　　　x=3×3
　　　　=9　　　　　　　　　答え　9cm

❶ ①
5：2=x：10　（×5）　　x=5×5
　　　　　　　　　　　　　　=25

③
24：32=x：4　（÷8）　　x=24÷8
　　　　　　　　　　　　　　=3

❷ 動物を飼っていない人の人数を x 人とします。

❸ 縦の長さを x cm とします。

④ 式　しょうたさんが出す金額を x 円とすると、
　　　　$5:9=x:5400$
　　　　　　$x=5×600=3000$
　　　　　$5400-3000=2400$
　　　答え　しょうたさん…3000円、弟…2400円

> ⚫ **おうちのかたへ**　実際の物を使って比に分けてみると、
> 比に分ける感覚が一層つかめるようになります。

⑤ 式　短いほうのリボンの長さを x cm とすると、
　　　　$2:5=x:180$
　　　　　　$x=2×36$
　　　　　　　$=72$　　　　　答え　72 cm

> ⏱ **しあげの5分レッスン**　分けた量を求めたら、求めた量を
> 比に表して、問題文の比になるか確かめてみよう。

④ しょうたさんが出す金額を x 円とします。しょう
たさんが出す金額とゲームソフトの代金の比は
$5:9$ になります。

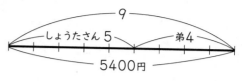

次のような求め方もあります。

$$5400×\frac{5}{9}=3000（円）……しょうたさん$$

$$5400-3000=2400（円）……弟$$

⑤ 短いほうのリボンの長さを x cm とします。短いほ
うのリボンと全体の長さの比は $2:5$ になります。

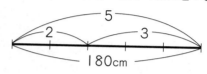

次のような求め方もあります。

$$180×\frac{2}{5}=72（cm）$$

ぴったり3　確かめのテスト　78〜79ページ

❶ ①5：14　②15：22

❷ ①$\frac{3}{5}$　②4

❸ 3：4、18：24

❹ 5：4、30：24 など

❺ ①5：3　②4：5　③1：3　④15：14

❻ ①54　②15　③4　④7

❼ 式　縦の長さを x cm とすると、
　　　　$7:5=35:x$
　　　　　　$x=5×5$
　　　　　　　$=25$　　　　　答え　25 cm

てびき

❶ 比は、2つの割合を記号「：」を使って表したもので
す。

❷ $a:b$ の比の値は　$a÷b$　で求めます。

❸ 6：8を簡単にすると、3：4
比を簡単にして、3：4になるものをさがします。
8：10=4：5（×）　　　3：4（○）
18：24=3：4（○）　　　2：3（×）

❹ 15：12の15と12を同じ数でわったり、15と
12に同じ数をかけたりして求めます。

❺ ③0.6：1.8=（0.6×10）：（1.8×10）
　　　　　　　=6：18=1：3
④$\frac{6}{7}:\frac{4}{5}=\left(\frac{6}{7}×35\right):\left(\frac{4}{5}×35\right)=30:28$
　　　　　　　　=15：14

❻ ①
　　$2:9=12:x$　　　　　$x=9×6$
　　　　　　　　　　　　　　$=54$

❼ 縦の長さを x cm とします。

28

⑧ 式　りょうさんがゴールに着いたとき、なおとさんがxm走っているとすると、

8：7＝100：x

x＝7×12.5

　　＝87.5

100－87.5＝12.5　答え　12.5 m(後ろ)

⑨ 式　必要なミルクの量をxmLとすると、

2：5＝x：750

x＝2×150

　　＝300

750－300＝450

答え　ミルク…300 mL、コーヒー…450 mL

＜●しあげの5分レッスン＞ $a：b$のaとbに、かけたり、わったりできるのは、同じ数であることを覚えておこう。

⑧ 時間が同じとき、2人の走るきょりの比と速さの比は等しいので、りょうさんが100 m走るとき、なおとさんがxm走るとして式をつくります。

8：7＝100：x となります。

⑨ ミルクの量をxmLとします。ミルクの量とミルクコーヒーの量の比は2：5になります。

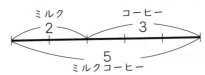

＜🏠おうちのかたへ＞ 比を正しくつくれていない場合は、何と何の比が対応しているかを書いてあげてください。

⑪ 拡大図と縮図

＜ぴったり1 準備　80ページ＞

❶ (1)①3　②え　(2)①3　②3

❷ (1)DF　(2)①2　②2　(3)$\frac{1}{2}$

＜ぴったり2 練習　81ページ＞　　　　　　　てびき

❶ ⑤、2

❷ え、2

❸ ①角H　②辺EF　③3：1　④$\frac{1}{3}$

❶ ①、⑤、え、⑥の上底は、どれも③の2倍になっていますが、下底も高さも2倍になっているのは⑤だけです。

❷ 辺の長さや角の大きさをはかって調べます。

❸ ③3.6：1.2＝36：12＝3：1

＜●しあげの5分レッスン＞ 1組の対応する辺だけでなく、全部の対応する辺の長さの比を確認しよう。

＜ぴったり1 準備　82ページ＞

❶ 2

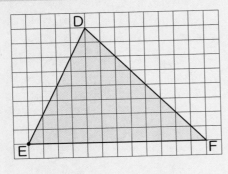

❷ AC

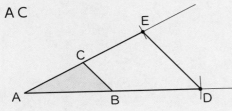

① $\frac{1}{2}$の縮図

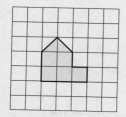

2倍の拡大図

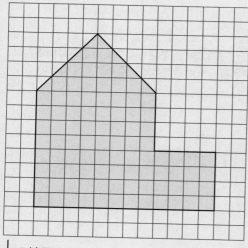

② $\frac{1}{2}$の縮図

（例）
1.4cm　1.1cm
2cm

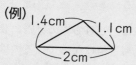

2倍の拡大図
（例）

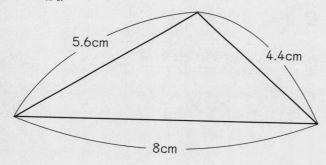

5.6cm
4.4cm
8cm

① それぞれの辺の長さが、縮図ではもとの長さの$\frac{1}{2}$、拡大図ではもとの長さの2倍になるように、方眼を数えて点をとってかきます。

> 🏠 **おうちのかたへ** コピーで簡単に拡大図や縮図が作れます。いろいろな図形を拡大・縮小してみてください。

② 三角形ＡＢＣの辺の長さは下の図のようになっています。

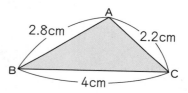

2.8cm　2.2cm
4cm

❸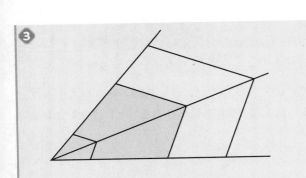

❸ １つの頂点をもとに、辺の長さをのばしたり、縮めたりしてかきます。

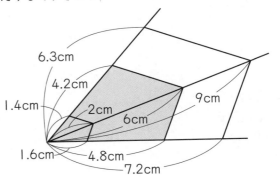

6.3cm
4.2cm
1.4cm
2cm
6cm
9cm
1.6cm
4.8cm
7.2cm

🕐 しあげの5分レッスン 拡大図をかくときは、コンパスで長さをはかりとるとはやく正確にかける場合があるよ。

ぴったり1 準備 **84**ページ

❶ (1)①2000 ②500 ③500 (2)①500 ②35 ③35

❷ (1)①3 ②3 ③6 ④$\frac{1}{6}$ (2)①2 ②12 ③12

ぴったり2 練習 **85**ページ　　　　　　　　　　　てびき

❶ ①6 cm
　②25 m

❷ (左から)5000、5、5

🏠 おうちのかたへ 実際の地図を使って、建物や距離などを求めるゲームをすると、学んだことが身に着きます。

❸ ①$\frac{1}{2000}$または、１：2000
　②約90 m

❹ ①$\frac{1}{8}$
　②7.2 m

❶ ①60 m=6000 cm
　6000÷1000=6（cm）
　②2.5×1000=2500（cm）
　2500 cm=25 m

❷ ・150 m=15000 cm
　3÷15000=$\frac{3}{15000}$=$\frac{1}{5000}$
　だから、縮尺は１：5000
　・20×25000=500000
　500000 cm=5000 m=5 km
　・500 m=50000 cm
　50000÷10000=5（cm）

❸ ①120 m=12000 cm
　6÷12000=$\frac{6}{12000}$=$\frac{1}{2000}$
　②辺ＡＢの長さは約4.5 cmだから、
　4.5×2000=9000
　9000 cm=90 m

❹ ①12 m=1200 cm
　150÷1200=$\frac{150}{1200}$=$\frac{1}{8}$
　②90×8=720
　720 cm=7.2 m

🕐 しあげの5分レッスン 実際の長さと縮図の長さで単位がちがう場合、計算の答えの単位に気をつけよう。

1 ①と③、⑤と⑥

2 ①角F
②辺DE
③2倍

3 ①

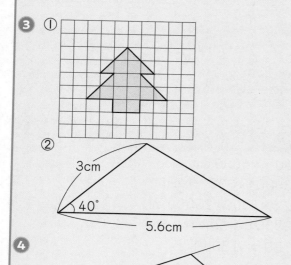

②

3cm
40°
5.6cm

4

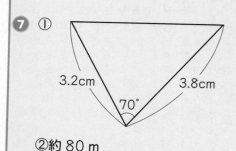

5 (左から)200、2、0.2

6 0.4 cm

7 ①

3.2cm　3.8cm
70°

②約80 m

---

1 ①は⑤の2倍の拡大図(⑤は①の1/2の縮図)になっています。⑥と⑥のように図形の向きがちがっても、拡大図や縮図の関係にあることに注意しましょう。

2

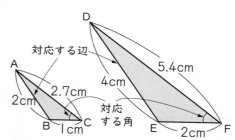

対応する辺
D
5.4cm
4cm
A
2.7cm
2cm
対応する角
B 1cm C
E 2cm F

3 対応する辺の長さが変わっても、対応する角の大きさは変わらないことに気をつけてかきましょう。

4

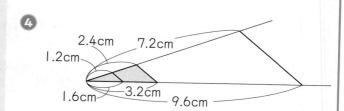

2.4cm　7.2cm
1.2cm
1.6cm　3.2cm　9.6cm

5 ・50 m＝5000 cm
$25 \div 5000 = \frac{1}{200}$

・1 km＝1000 m＝100000 cm
$100000 \div 50000 = 2$

・20×1000＝20000
20000 cm＝200 m＝0.2 km

6 実際の長さは、10×1000＝10000(cm)
これは、縮尺$\frac{1}{25000}$の地図の上では、
$10000 \div 25000 = 0.4$(cm)

7 ①76 m＝7600 cm　7600÷2000＝3.8(cm)
64 m＝6400 cm　6400÷2000＝3.2(cm)
縮図は右の図のようになります。

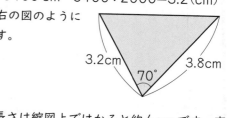

3.2cm　3.8cm
70°

②ACの長さは縮図上ではかると約4cmです。実際のきょりは、この2000倍です。
4×2000＝8000　8000 cm＝80 m

12 比例と反比例

ぴったり1 準備　88ページ

1 ①200　②250　③300　④2　⑤3　⑥比例
2 ①9　②12　③7　④6　⑤あ

ぴったり2 練習　89ページ

てびき

1 ①い、え
　　②え

2 ①あ16　い20　う24
　　②2倍、3倍、……になる。
　　③$\frac{1}{2}$倍、$\frac{1}{3}$倍、……になる。

3 ①$\frac{3}{2}$倍　②$\frac{3}{2}$倍

1 ②いは、下の表からもわかるように、xが増えると、それにともなってyも増えますが、xが2倍、3倍になったとき、yは2倍、3倍にならないので、比例しているとはいえません。

1辺の長さ x(cm)	1	2	3	4
面積 y(cm²)	1	4	9	16

2 ①道のり＝速さ×時間　で求めます。

3 ②16から24で、24÷16＝$\frac{3}{2}$(倍)

> **しあげの5分レッスン** 2つの量がともなって変わっても、対応する2つの量が同じ割合で変わっていなければ比例するとはいえないので、きちんと値を確かめよう。

ぴったり1 準備　90ページ

1 (1)①80　②160　③40　④40　(2)①40　②40　③40
2 ①0　②0　③直線

ぴったり2 練習　91ページ

てびき

1 ①

x(cm)	1	2	3	4	5	6
y(cm)	5	10	15	20	25	30

　②比例している。
　③式…$y=5×x$、正五角形の辺の数
　④式　$y=5×30=150$　　答え　150cm

2 ①$y=3×x$
　②

x(分)	0	1	2	3	4	5	6
y(L)	0	3	6	9	12	15	18

　③ y(L)　ためた時間と水の量

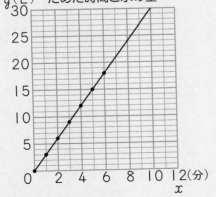

　④あ27L　い10分

1 ③$y=$決まった数×xで、決まった数は、対応するxとyの$y÷x$の商です。また、ここでの決まった数5は、正五角形の辺の数を表しています。
　④$y=5×x$の式のxに30をあてはめて計算します。

2 ③0の点を通る直線になります。
　④あ横の軸の9のところとグラフの交わる点から、縦の軸の値を読み取ります。
　　い縦の軸の30のところとグラフの交わる点から、横の軸の値を読み取ります。

> **おうちのかたへ** 比例のグラフは直線になります。かいたグラフが直線になっているかを確認してあげてください。

> **しあげの5分レッスン** 比例のグラフは、必ず、0の点を通る直線になるよ。かいたグラフを確認しよう。

1 ①9 ②6 ③4.5 ④$\frac{1}{2}$ ⑤$\frac{1}{3}$ ⑥$\frac{1}{4}$ ⑦反比例

2 ①800 ②700 ③30 ④20 ⑤い

てびき

1 ①あ、う、え ②う

2 ①あ8 い6 う4.8

②$\frac{1}{2}$倍、$\frac{1}{3}$倍、$\frac{1}{4}$倍、……になる。

③2倍、3倍、4倍、……になる。

④反比例している。

3 ①あ90 い45 う30

②反比例している。

しあげの5分レッスン 比例することや反比例することを調べるときは、表を作って考えよう。

1 ②①で答えた関係のうち、xの値が2倍、3倍、…になると、それにともなってyの値が$\frac{1}{2}$倍、$\frac{1}{3}$倍、…になっているものを選びます。

あ	代金x(円)	100	200	300	400
	おつりy(円)	400	300	200	100

う	人数x(人)	1	2	3	4
	1人分の量y(mL)	1500	750	500	375

え	走った道のりx(km)	1	2	3	4
	残りの道のりy(km)	9	8	7	6

2 ①あ底辺が3cmのとき、

底辺×高さ÷2=三角形の面積　だから、

$3×y÷2=12$

$3×y=12×2$

$y=12×2÷3$

$=8$

3 ①時間＝道のり÷速さ

②表より、時速$x$kmが2倍、3倍、4倍、……になると、それにともなってかかる時間y時間が$\frac{1}{2}$倍、$\frac{1}{3}$倍、$\frac{1}{4}$倍、……になるから、yはxに反比例しているといえます。

1 (1)①4 ②3 ③12 ④12

(2)①12 ②12 ③y ④12

2 省略

1 ①あ6　い3　う2

②$x×y=6$ $(y=6÷x)$

③

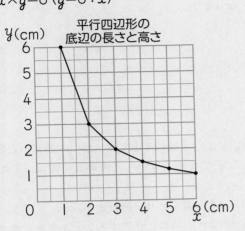

平行四辺形の
底辺の長さと高さ

2 ①あ12　い8　う2

②$x×y=24$ $(y=24÷x)$

③ y(分) 1分間に入れる水の量とかかる時間

1 ②y が x に反比例するとき、x の値とそれに対応
する y の値の積はいつも決まった数になってい
ます。だから、x と y の関係は、

$x×y=$決まった数

で表せます。

③反比例のグラフは直線にはなりません。

2 ①あ…24÷2=12　い…24÷3=8
　う…24÷12=2

②y は x に反比例しています。

🏠 **おうちのかたへ**　反比例のグラフは、点をとったあと、
x の値の小さいほうから順に点を結んでいることを確認して
あげてください。

⏰ **しあげの5分レッスン**　反比例のグラフは、0 の点は通ら
ないよ。また、縦の軸にも横の軸にもぶつからないよ。

1 あ○　い×　う○　え×　お△

1 表に表すと、次のようになります。

あ

個数 x(個)	1	2	3	4
代金 y(円)	50	100	150	200

い お父さんがお母さんより2さい年上の場合

お父さんの年れい x(さい)	30	40	50	60	70
お母さんの年れい y(さい)	28	38	48	58	68

う

日数 x(日)	1	2	3	4	5
ページ数 y(ページ)	10	20	30	40	50

え

1辺の長さ x(cm)	1	2	3	4	5
体積 y(cm³)	1	8	27	64	125

お

縦の長さ x(cm)	1	2	3	4	5
横の長さ y(cm)	30	15	10	7.5	6

2 ①比例している。
②$y=8×x$
③6のとき 48
　8のとき 64
④右のグラフ

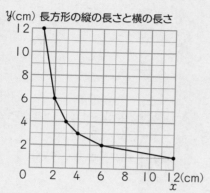

y(km)　ガソリンの量と走る道のり

3 ①あ6　①4
　⑦1
②反比例して
　いる。
③$x×y=12$
　($y=12÷x$)
④右のグラフ

y(cm) 長方形の縦の長さと横の長さ

4 式　$180÷12=15$
　　　$35×15=525$
　　　　　　　　答え　525g

5 ①Aの針金（はりがね）　②45g
　③4m　④2m

⏱️**しあげの5分レッスン**　比例と反比例の特ちょうのちがう
ところを書いて、もう一度確認（かくにん）しておこう。

2 ③②の式の x に、それぞれの数をあてはめて計算
します。
④0の点と、x が5で y が40の点を結ぶ直線に
なります。

3 ③y が x に反比例するとき、$x×y$＝決まった数
と表せます。表から、決まった数は12だとわ
かります。
④1つ1つ点をとり、結びます。

4 くぎの重さが本数に比例することを利用して求めま
す。

	15倍 →	
本数（本）	12	180
重さ(g)	35	
	← 15倍	

5 ① グラフから、A、Bの1mの重さを比べます。
② x の値（あたい）が3のときの y の値を読み取ります。
③ y の値が40のときの x の値を読み取ります。

🏠**おうちのかたへ**　比例は一方が増えるともう一方も増え
ます。反比例は一方が増えるともう一方は減ります。まず、
この特ちょうを押さえさせましょう。

🐦 プログラミングにちょうせん！

グラフをかこう　**98〜99**ページ

てびき

1 Ⓦ

2
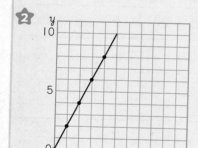

1 つくったプログラムを動かすと、x と y の関係は
次の表のようになります。

x	1	2	3	4	5	6
y	0.5	1.0	1.5	2.0	2.5	3.0

2 x の値が1増えると、y の値は2増えます。
すなわち、$y=2×x$ の比例のグラフになります。

⑬ およその面積や体積

1 ①14 ②32 ③14 ④32 ⑤30 ⑥平行四辺形 ⑦10 ⑧10 ⑨30 ⑩30

2 ①30 ②50 ③30000 ④30000

てびき

1 ①式 1×5+0.5×14=12 答え 約12 cm²
　②式 4×3=12 答え 約12 cm²

2 ①式 10000×39+5000×32=550000
　　　　答え 約550000 m²(約55 ha)
　②式 400×400×3.14=502400
　　　　答え 約502400 m²

3 ①三角柱
　②式 5×6÷2×4=60 答え 約60 cm³

> **しあげの5分レッスン** 方眼を数えて求めるときは、方眼
> 1個分の面積がどれだけかに気をつけよう。

1 ①まわりの線の内側に完全に入っている方眼は5個。
　　まわりの線にかかっている方眼は14個。

2 1目盛りが100 mであることに気をつけましょう。
　①まわりの線の内側に完全に入っている方眼は39
　　個。まわりの線にかかっている方眼は32個。
　②円の面積＝半径×半径×円周率

3 ①底面を三角形とすると、三角柱とみることがで
　　きます。
　②角柱の体積＝底面積×高さ　にあてはめて求め
　　ます。

てびき

1 ①9個 ②22個 ③0.5 m²
　④約20 m²

2 ①円柱
　②式 5×5×3.14×16=1256
　　　　答え 約1256 cm³

3 約15.5 km²

4 式 10×7÷2=35 答え 約35 km²

5 約600 km²

6 式 400÷2=200　80÷2=40
　200×200×3.14−40×40×3.14
　=120576
　　　　答え 約120000 m²(約12ha)

> **しあげの5分レッスン** 求めるものの単位にまちがいがな
> いか確認しよう。

1 ③まわりの線にかかっている方眼は、ふつう半分と
　みます。
　④1×9+0.5×22=20

2 ②ロールケーキの断面を円とみます。

3 まわりの線の内側に完全に入っている方眼は7個で、
　まわりの線にかかっている方眼は17個です。
　1×7+0.5×17=15.5

4 底辺10 km、高さ7kmの三角形とみて求めます。
　三角形の面積＝底辺×高さ÷2

5 方眼の数を数えると、まわりの線の内側に完全に
　入っている方眼が9個、線にかかっている方眼が
　30個あります。線にかかっている方眼の面積を、
　1つの方眼の面積5×5=25(km²)の半分とみると、
　求める面積は、25×9+(25÷2)×30=600(km²)

6 直径400 mの円の面積から、直径80 mの円の面
　積をひいて求めます。

> **おうちのかたへ** 家の中にあるものを使って、およその
> 面積や体積を求めてみてください。くり返しの練習につなが
> ります。

6年間のまとめ

てびき

① ①835471290200
②60200000000000
③4.507

② ア 0.4　イ 1.7

③ 2、3、4、5、6

④ ①3700　②70000

⑤ ①最小公倍数…18、最大公約数…6
②最小公倍数…60、最大公約数…4
③最小公倍数…56、最大公約数…1

⑥ ①123　②1065
③377　④2499
⑤6.38　⑥7
⑦2.73　⑧0.96

しあげの5分レッスン まちがえた問題をもう一回やってみよう。

① ②1兆が6個で6兆、100億が2個で200億となるので、合わせて、6兆200億となります。

② 1目盛りは0.1を表します。

③ 「7未満」なので、7はふくみません。

④ ①百の位までのがい数にするので、十の位を四捨五入します。

⑤ 2つの数の倍数や約数を書いてみましょう。

おうちのかたへ 筆算で計算させる場合は、位をそろえて書いているかを確認してあげてください。

てびき

① 10倍…527、100倍…5270
$\frac{1}{10}$…5.27、$\frac{1}{100}$…0.527

② ①72　②2584
③9683　④5.7
⑤15.66　⑥0.068
⑦52.7　⑧0.36

おうちのかたへ 積の小数点より右にあるはしの0は、小数点を打ってから消しているか確認してあげてください。

③ ①30　②28

④ ①24　②3 あまり 20　③21　④26 あまり 20
⑤5 あまり 0.4　⑥3 あまり 0.08

① 小数点は、10倍すると1けた右に移り、$\frac{1}{10}$にすると1けた左へ移ります。

②
```
①    24        ②    68        ③    421
    ×  3          ×  38          ×  23
      72           544           1263
                   204            842
                  2584           9683

④   1.9         ⑤    5.8       ⑥   0.17
    ×   3           ×  2.7         ×  0.4
      5.7            406          0.068
                     116
                    15.66

⑦   6.2         ⑧   0.24
    × 8.5           × 1.5
      310            120
      496             24
     52.70          0.360
```

③ ①かっこの中を先に計算します。
②かけ算、わり算→たし算の順に計算します。

④
```
①      24       ②      3       ③      21
   4)96           23)89          36)756
      8              69             72
     16              20             36
     16                             36
      0                              0
```

④
$$\begin{array}{r} 26 \\ 25\overline{)670} \\ \underline{50} \\ 170 \\ \underline{150} \\ 20 \end{array}$$

⑤
$$\begin{array}{r} 5 \\ 1.7\overline{)8.9} \\ \underline{85} \\ 0.4 \end{array}$$

⑥
$$\begin{array}{r} 3 \\ 0.24\overline{)0.80} \\ \underline{72} \\ 0.08 \end{array}$$

❺ ①7　②1.15　③0.84　④1.25

❺ ①
$$\begin{array}{r} 7 \\ 1.3\overline{)9.1} \\ \underline{91} \\ 0 \end{array}$$

②
$$\begin{array}{r} 1.15 \\ 1.2\overline{)1.3.8} \\ \underline{12} \\ 18 \\ \underline{12} \\ 60 \\ \underline{60} \\ 0 \end{array}$$

③
$$\begin{array}{r} 0.84 \\ 0.5\overline{)0.4.2} \\ \underline{40} \\ 20 \\ \underline{20} \\ 0 \end{array}$$

④
$$\begin{array}{r} 1.25 \\ 8\overline{)10} \\ \underline{8} \\ 20 \\ \underline{16} \\ 40 \\ \underline{40} \\ 0 \end{array}$$

しあげの5分レッスン　小数の計算では、答えの小数点の位置に注意しよう。

まとめのテスト　106ページ　てびき

❶ ①$\dfrac{3}{7}$　②8

❷ ①$2\dfrac{1}{4}$　②$\dfrac{11}{6}$

❸ ①$\dfrac{4}{5}$　②$\dfrac{8}{3}$　③2

❹ ①$\dfrac{21}{35}$　$\dfrac{25}{35}$　②$\dfrac{15}{20}$　$\dfrac{3}{20}$　③$\dfrac{15}{24}$　$\dfrac{14}{24}$

❺ ①$\dfrac{5}{7}$　②1

③$\dfrac{13}{24}$　④$\dfrac{3}{2}\left(1\dfrac{1}{2}\right)$

⑤$\dfrac{13}{20}$　⑥$\dfrac{2}{15}$

⑦$\dfrac{8}{9}$　⑧$\dfrac{3}{7}$

⑨$3\dfrac{1}{2}\left(\dfrac{7}{2}\right)$　⑩$\dfrac{5}{6}$

❶ ②$\dfrac{8}{8}=1$だから、$\dfrac{1}{8}$の8個分です。

❷ ①$\dfrac{9}{4}=\dfrac{8}{4}+\dfrac{1}{4}=2+\dfrac{1}{4}=2\dfrac{1}{4}$

❸ 約分は、分数の分母と分子をそれらの公約数でわって、簡単な分数にすることです。最大公約数でわると、1回で約分できます。

❹ 分母の最小公倍数にそろえます。

❺ ③$\dfrac{3}{8}+\dfrac{1}{6}=\dfrac{9}{24}+\dfrac{4}{24}=\dfrac{13}{24}$

⑤$\dfrac{3}{4}-\dfrac{1}{10}=\dfrac{15}{20}-\dfrac{2}{20}=\dfrac{13}{20}$

⑦$\dfrac{7}{6}-\dfrac{5}{18}=\dfrac{21}{18}-\dfrac{5}{18}=\dfrac{\overset{8}{16}}{\underset{9}{18}}=\dfrac{8}{9}$

⑨$2\dfrac{1}{3}+1\dfrac{1}{6}=2\dfrac{2}{6}+1\dfrac{1}{6}=3\dfrac{\overset{}{3}}{\underset{2}{6}}=3\dfrac{1}{2}\left(\dfrac{7}{2}\right)$

しあげの5分レッスン　分数の計算では、答えはそれ以上約分できない分数になっているか確認しよう。

1 ①0.6　②2.25　③$\frac{4}{5}$　④$\frac{3}{2}\left(1\frac{1}{2}\right)$

2 ①$\frac{4}{7}$　②$\frac{8}{3}\left(2\frac{2}{3}\right)$　③$\frac{1}{6}$　④$\frac{10}{21}$

3 ①169　②80

4 ⑤、⑦

5 ①$\frac{20}{3}\left(6\frac{2}{3}\right)$　②$\frac{9}{40}$　③$\frac{3}{8}$　④$\frac{5}{3}\left(1\frac{2}{3}\right)$

⑤$\frac{1}{8}$　⑥$\frac{14}{5}\left(2\frac{4}{5}\right)$　⑦$\frac{4}{3}\left(1\frac{1}{3}\right)$　⑧$\frac{28}{5}\left(5\frac{3}{5}\right)$

⑨$\frac{15}{2}\left(7\frac{1}{2}\right)$　⑩$\frac{1}{2}$

⏱ **しあげの5分レッスン**　まちがえた計算の答えの確かめをしてみよう。

---

1 ①② 分数は、分子÷分母　を計算して小数になおします。

2 ①② 分数の逆数は、分母と分子を入れかえます。

3 ①69＋73＋27＝69＋(73＋27)
　　　　　　　　＝69＋100＝169
　②5.4×8＋4.6×8＝(5.4＋4.6)×8
　　　　　　　　＝10×8＝80

4 (もとの数)×(1より大きい数)
　(もとの数)÷(1より小さい数)
　の答えは、もとの数よりも大きくなります。

5 ②$\frac{3}{8}\times\frac{3}{5}=\frac{3\times3}{8\times5}=\frac{9}{40}$

⑥$\frac{4}{5}\div\frac{2}{7}=\frac{4\times7}{5\times\overset{1}{\cancel{2}}}=\frac{14}{5}\left(2\frac{4}{5}\right)$

⑧$8\div\frac{10}{7}=\frac{\overset{4}{\cancel{8}}\times7}{1\times\underset{5}{\cancel{10}}}=\frac{28}{5}\left(5\frac{3}{5}\right)$

⑨$4.5\times\frac{5}{3}=\frac{45}{10}\times\frac{5}{3}=\frac{\overset{15}{\cancel{45}}\times\overset{1}{\cancel{5}}}{\underset{2}{\cancel{10}}\times\underset{1}{\cancel{3}}}=\frac{15}{2}\left(7\frac{1}{2}\right)$

---

1 ⑥6cm　⑪6cm　⑦5cm
　⑧7cm　⑨110°　⑩70°

2 ⑥60°
　⑪65°
　⑦90°
　⑧85°

3 ①辺CB　②頂点G　③面⑩

4

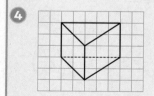

5 ①長方形　②ひし形

---

1 二等辺三角形は2つの辺の長さが等しいです。
　円の直径は半径の2倍の長さです。
　平行四辺形の向かい合った辺の長さや角の大きさは等しいです。

2 ⑥180°−(50°＋70°)＝60°
　⑪(180°−50°)÷2＝65°
　⑦360°−(120°＋80°＋70°)＝90°
　⑧(180°−120°)÷2＝30°
　　360°−(120°＋30°＋35°＋90°)＝85°

3 組み立てると右の図のようになります。

[図: 立方体 A(C、K) N(L) ⑩ ⑥ B M ⑪ (H、J) D ⑦ ⑧ I E(G) F]

4 見えない辺は点線でかきます。

5 ①長方形は2本の対角線の長さが等しく、それぞれのまん中の点で交わります。
　②ひし形は2本の対角線が垂直に交わります。

⏱ **しあげの5分レッスン**　今まで学習した図形の特ちょうを表にまとめてみよう。

まとめのテスト　109 ページ　　てびき

① ①辺GF　②角C　③2.5cm

② ①

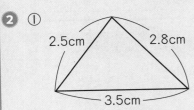

②

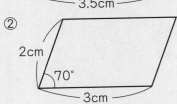

③ ①い、う、え、お
②あ、い、う、え

④ え、$\dfrac{1}{2}$

⑤

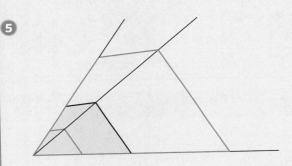

① ③辺GHに対応する辺は 辺ABです。

② コンパスやものさし、分度器を使って図形をかきます。

🏠 **おうちのかたへ** 図形をかくときは、まず、底辺をかくとかきやすいです。そこから、他の辺や、角度をかかせるとよいです。

③ ①1つの直線を折り目にして2つに折ったとき、折り目の両側の部分がぴったり重なる図形が線対称(せんたいしょう)な図形です。
②1つの点を中心に180°まわしたとき、もとの図形にぴったり重なる図形が点対称な図形です。

④ 対応する角の大きさがそれぞれ等しく、対応する辺の長さの比が全て等しくなるように縮めた図が縮図(しゅくず)です。方眼を数えて長さの比を確認(かくにん)します。

⑤ 辺の長さをはかって、それぞれを2倍、または$\dfrac{1}{2}$にしてかきます。

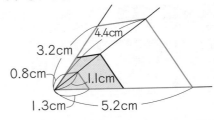

🕐 **しあげの5分レッスン** **①** の合同は5年で学習した内容だよ。まちがえたら5年の教科書を見てみよう。

まとめのテスト　110 ページ　　てびき

① ①2000　②4800　③0.23　④7　⑤8000000

② ①式　10×12=120　　　　答え　120 cm²
②式　8×7.5÷2=30　　　答え　30 cm²
③式　1.5×2=3
　　　3×2=6
　　　3×6÷2=9　　　　　答え　9 cm²
④式　(10+40)×21÷2=525
　　　　　　　　　　　　　答え　525 cm²

③ ①式　10×3.14=31.4　　答え　31.4 cm
②式　10÷2=5
　　　5×5×3.14=78.5　　答え　78.5 cm²

④ ①式　9×9×9=729　　　答え　729 cm³
②式　8.5×12×7=714　　答え　714 cm³

① 単位の関係をしっかりと覚えておきましょう。

② 面積の公式をきちんとおさえましょう。
①平行四辺形の面積=底辺×高さ
②三角形の面積=底辺×高さ÷2
③ひし形の面積=対角線×対角線÷2
④台形の面積=(上底+下底)×高さ÷2

③ ①円周の長さ=直径×円周率(3.14)
②円の面積=半径×半径×円周率(3.14)

④ 体積の公式を覚えておきましょう。
①立方体の体積=1辺×1辺×1辺
②直方体の体積=縦(たて)×横×高さ

⑤ ①式　10×4÷2×5=100　　　答え　100 cm³
　　②式　8÷2=4
　　　　　4×4×3.14×10=502.4
　　　　　　　　　　　　答え　502.4 cm³

⑤ 角柱や円柱の体積＝底面積×高さ

😊しあげの5分レッスン　面積の単位は cm²、体積の単位は cm³ だよ。最後に確認しよう。

まとめのテスト　111ページ　てびき

❶ 式　A町…8616÷80=107.7(人)
　　　B町…6356÷56=113.5(人)
　　　　　　　　　　　　答え　B町

❷ ①式　48÷60=0.8　　　答え　分速0.8 km
　　②式　1時間35分=95分
　　　　　0.8×95=76　　　答え　76 km
　　③式　240÷48=5　　　答え　5時間

❸ 式　(1+3+0+3+2)÷5=1.8
　　　　　　　　　　　　答え　1.8人

❹ ①40%　②210%
　　③0.06　④0.85

❺ ①式　18÷40=0.45　　　答え　45%
　　②式　3600×0.6=2160　答え　2160g
　　③式　□×0.18=90
　　　　　□=90÷0.18=500　答え　500人
　　④式　800×(1-0.2)=640　答え　640円

❶ 人口密度＝人口÷面積

❷ ②道のり＝速さ×時間
　　③時間＝道のり÷速さ

❸ 平均＝合計÷個数(日数)です。0人の水曜日も日数に入れることを忘れないようにしましょう。

❹ 割合を表す 0.01 は 1%、0.1 は 10%、1 は 100% です。

❺ ①割合＝比べる量÷もとにする量
　　②比べる量＝もとにする量×割合
　　③もとにする量を□として、かけ算の式に表してから、□にあてはまる数を求めます。
　　④定価の 20% 引きは、定価の(1-0.2)倍です。

😊しあげの5分レッスン　速さや割合を求める公式は、これからもたくさん出てくるからしっかりと覚えておこう。

まとめのテスト　112ページ　てびき

❶ ①1　②72

❷ 式　みきさんのリボンの長さを x cm とすると、
　　　4：7=x：140
　　　　x=4×20
　　　　　=80　　　　　　　答え　80cm

❸ 24通り

❶ ① $24:4=6:x$（÷4）
　　② $8:5=x:45$（×9）

❷ みきさんのリボンの長さを x cm とします。みきさんのリボンの長さと全体のリボンの長さの比は 4：7 になります。

❸ けんたさんが先頭にくる場合について図で調べると、6通りです。

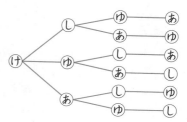

け…けんた　し…しゅん　ゆ…ゆか　あ…あや
しゅんさん、ゆかさん、あやさんが先頭にくる場合もそれぞれ6通りあるから、全部で
6×4=24(通り)

④ 4通り

⑤ ①◯い
　 ②◯あ
　 ③◯う

⑥ ①比例している。
　 ②$y＝4×x$
　 ③ 右のグラフ
　 ④120g

針金の長さと重さ

④ みかん…◯み、バナナ…◯バ、りんご…◯り、もも…◯も

⑤ 折れ線グラフ…ある1つの量についての変化をみる。
　 帯グラフ・円グラフ…各部分の割合を比べる。
　 ドットプロット・柱状グラフ…データのちらばりをみる。

⑥ ①xが2倍、3倍、……になると、yも2倍、3倍、……になっています。
　 ②$y＝$決まった数$×x$の決まった数は、
　 　4÷1＝4で、$y＝4×x$となります。
　 ④②のxに30をあてはめて、
　 　$y＝4×30＝120(g)$

1 ①あ、い　②い、う

2 ①($x=$)16　②($x=$)54
　　③($x=$)130　④($x=$)138

3 ①式　$3×3×3.14=28.26$
　　　　　　　　　　　答え　28.26 cm²
　　②式　$20÷2=10$　$10÷2=5$
　　　　　$10×10×3.14÷2-5×5×3.14=78.5$
　　　　　　　　　　　答え　78.5 cm²

4 ①$\dfrac{9}{8}\left(1\dfrac{1}{8}\right)$　②$\dfrac{7}{5}\left(1\dfrac{2}{5}\right)$　③10
　　④$\dfrac{5}{18}$　⑤$\dfrac{3}{8}$　⑥$\dfrac{2}{5}$

5 ①25m 以上 30m 未満（の階級）
　　②4 人
　　③15m 以上 20m 未満（の階級）

6 ①
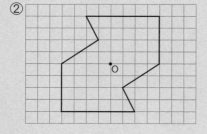
　　②

1 ②対称の中心は図のようになります。

2 ①$x×12=192$　　②$x+27=81$
　　　$x=192÷12$　　　　$x=81-27$
　　　　$=16$　　　　　　　　$=54$
　　③$x-56=74$　　④$x÷6=23$
　　　$x=74+56$　　　　$x=23×6$
　　　　$=130$　　　　　　　$=138$

3 ②半径 10 cm の円の半分の面積から、半径 5 cm の円 1 つ分の面積をひきます。

4 分数のかけ算とわり算の計算ができているかをみる問題です。約分のしかたを確認しましょう。

5 ① 柱状グラフは、○以上△未満という区切りでかかれています。

6 ① 線対称な図形では、対応する 2 つの点を結ぶ直線は、対称の軸と垂直に交わります。
　　また、この交わる点から対応する 2 つの点までの長さは等しくなっています。

対応する点の見つけ方

6 ② 点対称な図形では、対応する 2 つの点を結ぶ直線は、対称の中心を通ります。
　　また、対称の中心から対応する 2 つの点までの長さは等しくなっています。

対応する点の見つけ方

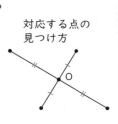

7 ①式　（3＋6）×4÷2×8＝144

　　　　　　　　　答え　144 cm³

　　②式　20÷2＝10

　　　　　10×10×3.14×10＝3140

　　　　　　　　　答え　3140 cm³

8 ①（例）　えん筆を6本買ったときの代金

　　②（例）　えん筆3本と消しゴム1個を買ったとき
　　　　の代金

9 ①x×12÷2＝96　②16 cm

10 式　$\dfrac{6}{5}$÷3＝$\dfrac{2}{5}$　　　　　　　　答え　$\dfrac{2}{5}$ L

🕐 **しあげの5分レッスン**　計算問題は、くり返し練習して
ばっちりにしよう。

7 ①底面が台形の四角柱を、横にした図です。

　　角柱や円柱の体積＝底面積×高さ

8 x は、えん筆1本の値段です。

　　①（1本の値段）×（本数）＝（代金）

9 ②x×12÷2＝96

　　　x×12＝96×2

　　　　x＝96×2÷12

　　　　　＝16

10 3等分すると考えればよいので、わり算です。とちゅ
うで約分できるときは、約分してから計算しましょ
う。

$$\dfrac{6}{5}÷3＝\dfrac{\overset{2}{6}}{5×\underset{1}{3}}＝\dfrac{2}{5}$$

🏠 **おうちのかたへ**　図形の問題では、与えられている長さ
が何を表しているかを考えさせるとよいです。

❄ 冬のチャレンジテスト

てびき

1 ⓘ、ⓔ

2 ①$\dfrac{2}{5}$　②$\dfrac{8}{9}$

3 ①65°

　②辺ＡＢ…5 cm、辺ＧＨ…6 cm

4 ①$\dfrac{9}{32}$　②$\dfrac{7}{15}$　③$\dfrac{3}{4}$　④$\dfrac{2}{3}$　⑤$\dfrac{15}{4}\left(3\dfrac{3}{4}\right)$

　⑥$\dfrac{9}{5}\left(1\dfrac{4}{5}\right)$　⑦$\dfrac{8}{25}$　⑧$\dfrac{5}{3}\left(1\dfrac{2}{3}\right)$

1 かけ算では、1より大きい数をかけると、積はかけ
られる数より大きくなります。また、わり算では、
1より小さい数でわると、商はわられる数より大き
くなります。

2 ①$(a×b)×c＝a×(b×c)$

　②$(a+b)×c＝a×c+b×c$

3 ①対応する角の大きさは等しくなっています。角
　Ｂに対応するのは角Ｆです。

　②辺ＢＣと辺ＦＧは対応しているから、

　　9÷6＝1.5 で、四角形ＥＦＧＨは四角形ＡＢＣＤ
　　の 1.5 倍の拡大図です。

　　辺ＡＢ　7.5÷1.5＝5（cm）

　　辺ＧＨ　4×1.5＝6（cm）

4 ⑦$\dfrac{4}{15}×0.8÷\dfrac{2}{3}＝\dfrac{4}{15}×\dfrac{8}{10}×\dfrac{3}{2}$

　　　$＝\dfrac{\overset{2}{4}×\overset{4}{8}×\overset{1}{3}}{\underset{5}{15}×\underset{5}{10}×\underset{1}{2}}＝\dfrac{8}{25}$

5 ①4：5 ②8：9

6 ①24 ②6

7 24通り

8 10試合

9 ①式　$42 × \dfrac{2}{3} = 28$　　答え　28kg

　　②式　$42 ÷ \dfrac{7}{12} = 72$　　答え　72kg

10 168 cm

11 80枚（まい）

12 ①$\dfrac{1}{5}$　②5 m

しあげの5分レッスン 文章題では、式を作って解いたら、答えの単位をまちがえないように気をつけよう。

---

5 ②$\dfrac{2}{3} : \dfrac{3}{4} = \left(\dfrac{2}{3} × 12\right) : \left(\dfrac{3}{4} × 12\right) = 8 : 9$

6 $a:b$ の a と b に同じ数をかけても、a と b を同じ数でわっても、比は等しくなります。

7 バニラを上にするときの重ね方は、次の6通りです。

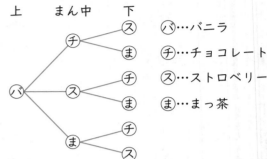

上　　まん中　　下

（バ）…バニラ
（チ）…チョコレート
（ス）…ストロベリー
（ま）…まっ茶

他の3種類を上にした場合も、それぞれ6通りあるから、全部で6×4＝24（通り）

8

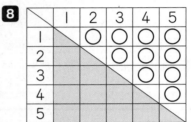

	1	2	3	4	5
1		○	○	○	○
2			○	○	○
3				○	○
4					○
5					

○をつけた部分の数が10個あります。

9 ②お父さんの体重を x kgとして、

$x × \dfrac{7}{12} = 42$　という式をつくって求める方法もあります。

10 お父さんの身長を x cm とすると、

$7 : 8 = 147 : x$
$x = 8 × 21$
$ = 168$

11 しょうたさんの枚数を x 枚とします。

しょうたさんの枚数とカード全部の枚数の比は
$4 : (4+3)$ で、$4 : 7$ になります。
$4 : 7 = x : 140$
$x = 4 × 20$
$ = 80$

12 ①$1.6 ÷ 8 = \dfrac{1}{5}$

　　②$1 × 5 = 5$（m）

おうちのかたへ 計算間違いがあったときは、どこでまちがえているかがわかるように、途中の計算も書かせましょう。

春のチャレンジテスト

1 ①△ ②○ ③× ④○

2 ①比例している。 ②$y=60×x$

③
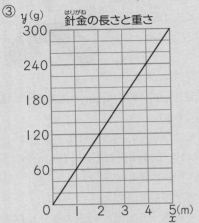

3 ①267158260305
②70000090000000

4 ①4.07 ②2069

5 ①3000 ②700 ③380000 ④4300

6 ①62.1 ②0.492
③1.2 ④0.4

7 ①式 8.5×12=102 　答え 約102km²
②式 21×5×3=315 　答え 約315cm³

8 ①8cm ②20枚

9 式 3500×0.8=2800 　答え 2800円

10 式 200×45=9000
9000m=9km 　答え 9km

11 ①印刷機A
②印刷機A…2分
印刷機B…3分
③100枚

> **しあげの5分レッスン** 小数の計算では、答えの小数点の
> けた数に気をつけよう。

てびき

1 x の値が2倍、3倍、…になるとき、y の値も2倍、3倍、…になれば比例。x の値が2倍、3倍、…になるとき、y の値が $\frac{1}{2}$ 倍、$\frac{1}{3}$ 倍、…になれば反比例です。

2 ②y が x に比例するとき、x と y の関係は、$y=$ 決まった数×x の式で表せます。

3 大きな数は、4けたごとに区切って考えます。

4 ①小数第一位の0を書くのを忘れないようにします。
②0.001を1000個集めた数が1です。

5 ①1km=1000m ②1kg=1000g
③
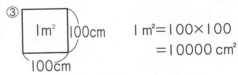
④1L=1000mL

6 ①②小数のかけ算は、小数点がないものとして計算して、その積に小数点をうちます。
積の小数点は、かけられる数とかける数の小数点の右にあるけた数の和だけ、数えてうちます。

7 ①平行四辺形とみます。
②直方体とみます。

8 ①32と40の最大公約数は8です。
②32÷8=4　40÷8=5　4×5=20

9 もとにする量×割合=比べる量

10 道のり=速さ×時間

11 ①グラフから1分間に印刷する枚数で比べます。
②y の値が150のときの、A、Bそれぞれの x の値を読み取ります。
③印刷機Aは300枚、印刷機Bは200枚。

> **おうちのかなへ** まちがえた問題をくり返し解くことで、苦手を克服することができます。

1 ① $\dfrac{14}{15}$　② $\dfrac{2}{3}$　③ $\dfrac{9}{5}\left(1\dfrac{4}{5}\right)$

　④ 2　⑤ $\dfrac{4}{7}$　⑥ $\dfrac{9}{25}$

2 ① 1　② 1.2　③ 3.6

3 え

4 25.12 cm²

5 ①式　6×4÷2×12＝144

　　　　　　　　　答え　144 cm³

　②式　5×5×3.14÷2×16＝628
　または、5×5×3.14×16÷2＝628

　　　　　　　　　答え　628 cm³

6 線対称…あ、い　　　点対称…あ、え

7 い、え

8 ① $y＝36÷x$　②いえます（いえる）

9 ①角E　②4.5 cm

10 6通り

11 ①中央値…5冊
　　　最頻値…5冊

　②5冊

　③右のグラフ

　④6冊以上8冊未満

　⑤4冊以上6冊未満

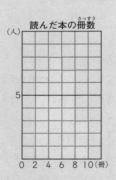

読んだ本の冊数
(人)
5
0 2 4 6 8 10(冊)

12 ① $y＝12×x$　②900 L

　③300000 cm³　④50 cm

　⑤(例)浴そうに水を200 Lためて
　　　シャワーを1人15分間使うと、
　　　200＋12×15×5＝1100（L）、
　　　浴そうに水をためずにシャワー
　　　を1人20分間使うと、
　　　12×20×5＝1200（L）
　　　になるので、浴そうに水をためて
　　　使うほうが水の節約になるから。

2 x の値が5のときの y の値が3だから、きまった数は
3÷5＝0.6　式は $y＝0.6×x$ です。

4 右の図の①の部分と、②の部分は同じ
形です。だから、求める面積は、直径
8 cm の円の半分と同じです。
　　4×4×3.14÷2＝25.12（cm²）

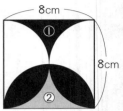

8cm
①
8cm
②

5 どちらも「底面積×高さ」で求めます。
①の立体は、底面が底辺6cm、高さ4cm の三角形で、高
さが12 cm の三角柱です。
②の立体は、底面が直径10 cm の円の半分で、高さが
16 cm の立体です。また、②は底面が直径10 cm の円、
高さが16 cm の円柱の半分と考えて、
「5×5×3.14×16÷2」でも正解です。

6 1つの直線を折り目にして折ったとき、両側の部分がぴった
り重なる図形が線対称な図形です。また、ある点のまわりに
180°まわすと、もとの形にぴったり重なる図形が点対称な
図形です。

7 いは6で、えは7でわると2：3になります。

8 ①横＝面積÷縦　$x×y＝36$ としても正解です。
　②①の式は、$y＝$きまった数$÷x$　だから、x と y は反比
　　例しているといえます。

9 ②形の同じ2つの図形では、対応する辺の長さの比はすべて
　等しくなります。辺ABと辺DBの長さの比は2：6で、
　簡単にすると1：3です。辺ACと辺DEの長さの比も
　　1：3だから、1：3＝1.5：□ として求めます。

10 赤─青、赤─黄、赤─緑、青─黄、青─緑、黄─緑の6通り
です。
例えば、右のようにして
考えます。

赤 ＜ 青 黄 緑　　青 ＜ 黄 緑　　黄─緑

11 ①ドットプロットから、クラスの人数は25人とわかります。
　　中央値は、上から13番目の本の冊数です。
　②平均値は、125÷25＝5（冊）になります。
　③ドットプロットから、2冊以上4冊未満の人数は7人、4
　　冊以上6冊未満の人数は8人、6冊以上8冊未満の人数は
　　7人、8冊以上10冊未満の人数は3人です。
　④8冊以上10冊未満の人数は3人、6冊以上8冊未満の人
　　数は7人だから、本の冊数が多いほうから数えて10番目
　　の児童は、6冊以上8冊未満の階級に入っています。
　⑤5冊は4冊以上6冊未満の階級に入ります。

12 ① $12×x＝y$ としても正解です。
　⑤それぞれの場合の水の使用量を求め、比かくした上で「水
　　をためて使うほうが水の節約になる」ということが書けて
　　いれば正解とします。

計算
せんもんドリル

6年

6年　　組

特色と使い方

● このドリルは、計算力を付けるための計算問題をせんもんにあつかったドリルです。

● 教科書ぴったりトレーニングに、このドリルの何ページをすればよいのかが書いてあります。教科書ぴったりトレーニングにあわせてお使いください。

教科書ぴったり
トレーニングの
ここを見てね

🐾 もくじ 🐾

1	分数×整数 ①
2	分数×整数 ②
3	分数÷整数 ①
4	分数÷整数 ②
5	分数のかけ算①
6	分数のかけ算②
7	分数のかけ算③
8	分数のかけ算④
9	3つの数の分数のかけ算
10	計算のきまり
11	分数のわり算①
12	分数のわり算②
13	分数のわり算③
14	分数のわり算④
15	分数と小数のかけ算とわり算
16	分数のかけ算とわり算のまじった式①
17	分数のかけ算とわり算のまじった式②
18	かけ算とわり算のまじった式①
19	かけ算とわり算のまじった式②

● 6年間の計算のまとめ
20	整数のたし算とひき算
21	整数のかけ算
22	整数のわり算
23	小数のたし算とひき算
24	小数のかけ算
25	小数のわり算
26	わり進むわり算
27	商をがい数で表すわり算
28	分数のたし算とひき算
29	分数のかけ算
30	分数のわり算
31	分数のかけ算とわり算のまじった式
32	いろいろな計算

🏠 おうちのかたへ

・お子さまがお使いの教科書や学校の学習状況により、ドリルのページが前後したり、学習されていない問題が含まれている場合がございます。お子さまの学習状況に応じてお使いください。

・お子さまがお使いの教科書により、教科書ぴったりトレーニングと対応していないページがある場合がございますが、お子さまの興味・関心に応じてお使いください。

1 分数×整数 ①

1 次の計算をしましょう。

① $\dfrac{1}{6} \times 5$

② $\dfrac{2}{9} \times 4$

③ $\dfrac{3}{4} \times 9$

④ $\dfrac{4}{5} \times 4$

⑤ $\dfrac{2}{3} \times 2$

⑥ $\dfrac{3}{7} \times 6$

2 次の計算をしましょう。

① $\dfrac{3}{8} \times 2$

② $\dfrac{7}{6} \times 3$

③ $\dfrac{5}{12} \times 8$

④ $\dfrac{10}{9} \times 6$

⑤ $\dfrac{1}{8} \times 8$

⑥ $\dfrac{4}{3} \times 6$

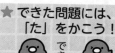

1 次の計算をしましょう。

月　　日

① $\dfrac{2}{7} \times 3$

② $\dfrac{1}{2} \times 9$

③ $\dfrac{3}{8} \times 7$

④ $\dfrac{5}{4} \times 3$

⑤ $\dfrac{6}{5} \times 2$

⑥ $\dfrac{2}{3} \times 8$

2 次の計算をしましょう。

月　　日

① $\dfrac{1}{4} \times 2$

② $\dfrac{5}{12} \times 3$

③ $\dfrac{1}{12} \times 10$

④ $\dfrac{5}{8} \times 6$

⑤ $\dfrac{1}{3} \times 6$

⑥ $\dfrac{5}{4} \times 12$

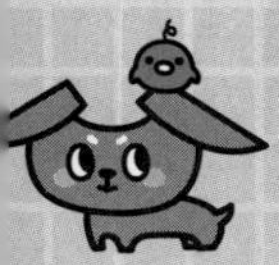

3 分数÷整数 ①

★できた問題には、「た」をかこう！

1 でき　2 でき

1 次の計算をしましょう。　　月　　日

① $\frac{8}{7} \div 9$　　② $\frac{6}{5} \div 7$

③ $\frac{4}{3} \div 5$　　④ $\frac{10}{3} \div 2$

⑤ $\frac{9}{8} \div 3$　　⑥ $\frac{3}{2} \div 3$

2 次の計算をしましょう。　　月　　日

① $\frac{2}{9} \div 6$　　② $\frac{3}{5} \div 12$

③ $\frac{2}{3} \div 4$　　④ $\frac{9}{10} \div 6$

⑤ $\frac{6}{7} \div 4$　　⑥ $\frac{9}{4} \div 12$

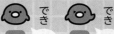
1 次の計算をしましょう。

月　　　日

①　$\dfrac{5}{6} \div 8$

②　$\dfrac{3}{8} \div 2$

③　$\dfrac{2}{3} \div 9$

④　$\dfrac{6}{5} \div 6$

⑤　$\dfrac{9}{10} \div 3$

⑥　$\dfrac{15}{2} \div 5$

2 次の計算をしましょう。

月　　　日

①　$\dfrac{3}{2} \div 9$

②　$\dfrac{2}{7} \div 10$

③　$\dfrac{4}{3} \div 12$

④　$\dfrac{6}{5} \div 10$

⑤　$\dfrac{9}{4} \div 6$

⑥　$\dfrac{8}{5} \div 6$

5 分数のかけ算①

1 次の計算をしましょう。

①　$\dfrac{1}{5} \times \dfrac{1}{6}$

②　$\dfrac{2}{3} \times \dfrac{2}{5}$

③　$\dfrac{3}{5} \times \dfrac{2}{9}$

④　$\dfrac{3}{7} \times \dfrac{5}{6}$

⑤　$\dfrac{14}{9} \times \dfrac{12}{7}$

⑥　$\dfrac{5}{2} \times \dfrac{6}{5}$

2 次の計算をしましょう。

①　$1\dfrac{1}{3} \times \dfrac{2}{5}$

②　$1\dfrac{1}{8} \times 1\dfrac{1}{6}$

③　$\dfrac{8}{15} \times 2\dfrac{1}{2}$

④　$1\dfrac{3}{7} \times 1\dfrac{13}{15}$

⑤　$6 \times \dfrac{2}{7}$

⑥　$4 \times 2\dfrac{1}{4}$

6 分数のかけ算②

1 次の計算をしましょう。

① $\dfrac{1}{2} \times \dfrac{1}{7}$

② $\dfrac{6}{5} \times \dfrac{6}{7}$

③ $\dfrac{4}{5} \times \dfrac{3}{8}$

④ $\dfrac{5}{8} \times \dfrac{4}{3}$

⑤ $\dfrac{7}{8} \times \dfrac{2}{7}$

⑥ $\dfrac{14}{9} \times \dfrac{3}{16}$

2 次の計算をしましょう。

① $\dfrac{6}{7} \times 1\dfrac{3}{5}$

② $1\dfrac{2}{5} \times 1\dfrac{7}{8}$

③ $2\dfrac{1}{4} \times \dfrac{8}{15}$

④ $2\dfrac{1}{3} \times 1\dfrac{1}{14}$

⑤ $1\dfrac{1}{8} \times 1\dfrac{7}{9}$

⑥ $4 \times \dfrac{5}{6}$

7 分数のかけ算③

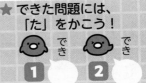

1 次の計算をしましょう。

① $\dfrac{1}{4} \times \dfrac{1}{3}$

② $\dfrac{5}{6} \times \dfrac{5}{7}$

③ $\dfrac{2}{7} \times \dfrac{3}{8}$

④ $\dfrac{3}{4} \times \dfrac{8}{9}$

⑤ $\dfrac{7}{5} \times \dfrac{15}{7}$

⑥ $\dfrac{8}{3} \times \dfrac{9}{4}$

2 次の計算をしましょう。

① $2\dfrac{1}{3} \times \dfrac{5}{6}$

② $\dfrac{4}{7} \times 2\dfrac{3}{4}$

③ $1\dfrac{1}{10} \times 1\dfrac{4}{11}$

④ $1\dfrac{1}{4} \times 1\dfrac{3}{5}$

⑤ $7 \times \dfrac{3}{5}$

⑥ $8 \times 2\dfrac{1}{2}$

1 次の計算をしましょう。

月　　　日

① $\dfrac{1}{3} \times \dfrac{1}{2}$

② $\dfrac{2}{7} \times \dfrac{3}{7}$

③ $\dfrac{5}{6} \times \dfrac{3}{8}$

④ $\dfrac{2}{5} \times \dfrac{5}{8}$

⑤ $\dfrac{9}{2} \times \dfrac{8}{3}$

⑥ $\dfrac{14}{3} \times \dfrac{9}{7}$

2 次の計算をしましょう。

月　　　日

① $\dfrac{3}{7} \times 1\dfrac{4}{5}$

② $1\dfrac{3}{8} \times 1\dfrac{2}{11}$

③ $3\dfrac{3}{4} \times \dfrac{8}{25}$

④ $1\dfrac{1}{2} \times 1\dfrac{1}{9}$

⑤ $2\dfrac{1}{4} \times 1\dfrac{7}{9}$

⑥ $6 \times \dfrac{5}{4}$

9 3つの数の分数のかけ算

1 次の計算をしましょう。

月　　日

① $\dfrac{4}{3} \times \dfrac{5}{4} \times \dfrac{2}{7}$

② $\dfrac{8}{5} \times \dfrac{7}{8} \times \dfrac{7}{9}$

③ $\dfrac{2}{5} \times \dfrac{7}{3} \times \dfrac{5}{8}$

④ $\dfrac{1}{3} \times \dfrac{14}{5} \times \dfrac{6}{7}$

⑤ $\dfrac{7}{6} \times \dfrac{5}{3} \times \dfrac{9}{14}$

⑥ $\dfrac{5}{4} \times \dfrac{6}{7} \times \dfrac{8}{15}$

2 次の計算をしましょう。

月　　日

① $\dfrac{5}{11} \times \dfrac{5}{12} \times 2\dfrac{3}{4}$

② $\dfrac{5}{7} \times \dfrac{1}{6} \times 1\dfrac{4}{5}$

③ $\dfrac{3}{7} \times 3\dfrac{1}{2} \times \dfrac{6}{11}$

④ $\dfrac{8}{9} \times 1\dfrac{1}{4} \times \dfrac{3}{10}$

⑤ $2\dfrac{2}{3} \times \dfrac{3}{4} \times \dfrac{7}{12}$

⑥ $3\dfrac{3}{4} \times \dfrac{5}{6} \times \dfrac{4}{5}$

10 計算のきまり

1 計算のきまりを使って、くふうして計算しましょう。

① $\left(\dfrac{1}{5} \times \dfrac{2}{7}\right) \times \dfrac{7}{2}$

② $\dfrac{35}{8} \times \left(\dfrac{1}{5} + \dfrac{3}{7}\right)$

③ $\left(\dfrac{1}{3} + \dfrac{1}{4}\right) \times \dfrac{12}{5}$

④ $\left(\dfrac{1}{2} - \dfrac{4}{9}\right) \times \dfrac{18}{5}$

⑤ $\dfrac{1}{4} \times \dfrac{10}{9} + \dfrac{1}{5} \times \dfrac{10}{9}$

⑥ $\dfrac{3}{5} \times \dfrac{5}{11} - \dfrac{2}{7} \times \dfrac{5}{11}$

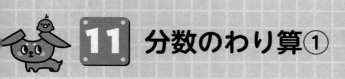

11 分数のわり算①

1 次の計算をしましょう。

月　　日

① $\dfrac{3}{4} \div \dfrac{1}{5}$

② $\dfrac{7}{5} \div \dfrac{3}{4}$

③ $\dfrac{8}{5} \div \dfrac{7}{10}$

④ $\dfrac{3}{4} \div \dfrac{9}{5}$

⑤ $\dfrac{5}{3} \div \dfrac{10}{9}$

⑥ $\dfrac{5}{6} \div \dfrac{15}{2}$

2 次の計算をしましょう。

月　　日

① $1\dfrac{1}{9} \div \dfrac{3}{7}$

② $\dfrac{7}{8} \div 3\dfrac{1}{2}$

③ $2\dfrac{1}{2} \div 1\dfrac{1}{3}$

④ $1\dfrac{2}{5} \div 2\dfrac{3}{5}$

⑤ $8 \div \dfrac{1}{2}$

⑥ $\dfrac{7}{6} \div 14$

12 分数のわり算②

1 次の計算をしましょう。

① $\dfrac{5}{4} \div \dfrac{3}{7}$

② $\dfrac{7}{3} \div \dfrac{1}{9}$

③ $\dfrac{7}{2} \div \dfrac{5}{8}$

④ $\dfrac{4}{5} \div \dfrac{8}{9}$

⑤ $\dfrac{5}{9} \div \dfrac{20}{3}$

⑥ $\dfrac{3}{7} \div \dfrac{9}{14}$

2 次の計算をしましょう。

① $4\dfrac{2}{3} \div \dfrac{7}{9}$

② $\dfrac{8}{9} \div 1\dfrac{1}{2}$

③ $1\dfrac{1}{3} \div 1\dfrac{4}{5}$

④ $2\dfrac{2}{9} \div 3\dfrac{1}{3}$

⑤ $7 \div 4\dfrac{1}{2}$

⑥ $\dfrac{9}{8} \div 2$

13 分数のわり算③

1 次の計算をしましょう。

月　　日

① $\dfrac{2}{3} \div \dfrac{1}{4}$

② $\dfrac{3}{2} \div \dfrac{8}{3}$

③ $\dfrac{9}{4} \div \dfrac{5}{8}$

④ $\dfrac{7}{9} \div \dfrac{4}{3}$

⑤ $\dfrac{8}{7} \div \dfrac{12}{7}$

⑥ $\dfrac{5}{6} \div \dfrac{10}{9}$

2 次の計算をしましょう。

月　　日

① $1\dfrac{2}{5} \div \dfrac{3}{4}$

② $\dfrac{9}{10} \div 3\dfrac{3}{5}$

③ $3\dfrac{1}{2} \div 1\dfrac{3}{10}$

④ $1\dfrac{7}{8} \div 2\dfrac{1}{2}$

⑤ $6 \div \dfrac{1}{5}$

⑥ $\dfrac{3}{4} \div 5$

★ できた問題には、「た」をかこう！

でき 1 ○　でき 2 ○

1 次の計算をしましょう。

月　　日

① $\dfrac{8}{3} \div \dfrac{7}{10}$

② $\dfrac{4}{3} \div \dfrac{1}{6}$

③ $\dfrac{7}{4} \div \dfrac{5}{8}$

④ $\dfrac{6}{5} \div \dfrac{9}{7}$

⑤ $\dfrac{3}{8} \div \dfrac{9}{2}$

⑥ $\dfrac{7}{9} \div \dfrac{7}{6}$

2 次の計算をしましょう。

月　　日

① $4\dfrac{1}{4} \div \dfrac{5}{8}$

② $\dfrac{4}{5} \div 1\dfrac{2}{3}$

③ $1\dfrac{1}{7} \div 1\dfrac{1}{5}$

④ $3\dfrac{3}{4} \div 4\dfrac{3}{8}$

⑤ $5 \div \dfrac{10}{3}$

⑥ $5\dfrac{1}{3} \div 3$

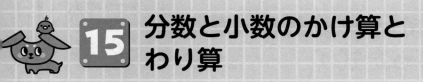

15 分数と小数のかけ算とわり算

1 次の計算をしましょう。

月　　日

① $0.3 \times \dfrac{1}{7}$

② $2.5 \times 1\dfrac{3}{5}$

③ $\dfrac{5}{12} \times 0.8$

④ $1\dfrac{1}{6} \times 1.2$

2 次の計算をしましょう。

月　　日

① $0.9 \div \dfrac{5}{6}$

② $1.6 \div \dfrac{2}{3}$

③ $\dfrac{3}{4} \div 0.2$

④ $1\dfrac{1}{5} \div 1.2$

1 次の計算をしましょう。

月　　日

① $\dfrac{1}{2} \times \dfrac{9}{2} \div \dfrac{3}{10}$

② $\dfrac{7}{3} \times \dfrac{5}{9} \div \dfrac{10}{3}$

③ $\dfrac{1}{4} \times \dfrac{6}{5} \div \dfrac{9}{5}$

④ $\dfrac{3}{5} \div \dfrac{1}{3} \times \dfrac{6}{7}$

⑤ $\dfrac{2}{3} \div \dfrac{8}{9} \times \dfrac{3}{4}$

⑥ $\dfrac{8}{5} \div \dfrac{2}{3} \times 5$

⑦ $\dfrac{5}{9} \div \dfrac{5}{6} \div \dfrac{3}{7}$

⑧ $\dfrac{8}{7} \div \dfrac{4}{3} \div \dfrac{6}{5}$

1 次の計算をしましょう。

月　　日

① $\dfrac{9}{4} \times \dfrac{5}{2} \div \dfrac{7}{8}$

② $\dfrac{5}{3} \times \dfrac{2}{7} \div \dfrac{10}{21}$

③ $\dfrac{3}{8} \div \dfrac{5}{6} \times \dfrac{2}{9}$

④ $\dfrac{4}{5} \div 3 \times \dfrac{9}{8}$

⑤ $\dfrac{2}{3} \div \dfrac{8}{7} \div \dfrac{2}{9}$

⑥ $\dfrac{3}{4} \div \dfrac{9}{5} \div \dfrac{5}{8}$

⑦ $\dfrac{4}{5} \div \dfrac{8}{7} \div \dfrac{14}{15}$

⑧ $\dfrac{5}{6} \div \dfrac{1}{9} \div 6$

1 次の計算をしましょう。

① $\dfrac{8}{5} \times \dfrac{3}{4} \div 0.6$

② $\dfrac{8}{7} \div \dfrac{5}{6} \times 0.5$

③ $\dfrac{5}{4} \div 0.8 \times \dfrac{8}{15}$

④ $\dfrac{4}{3} \div 0.6 \div \dfrac{8}{9}$

⑤ $0.5 \times \dfrac{4}{3} \div 0.08$

⑥ $0.9 \div \dfrac{3}{8} \times 1.2$

⑦ $0.9 \div 3.9 \times 5.2$

⑧ $0.15 \times 15 \div \dfrac{5}{8}$

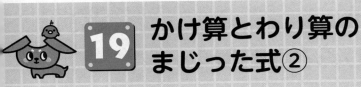

★ できた問題には、
「た」をかこう！

でき

1

月　　日

1 次の計算をしましょう。

① $0.2 \times \dfrac{10}{9} \div 6$

② $0.4 \times \dfrac{4}{5} \div 1.6$

③ $\dfrac{2}{3} \times 0.8 \div 8$

④ $\dfrac{1}{3} \div 1.4 \times 6$

⑤ $5 \div 0.5 \times \dfrac{3}{4}$

⑥ $2 \times \dfrac{7}{9} \times 0.81$

⑦ $0.8 \times 0.4 \div 0.06$

⑧ $\dfrac{6}{5} \div 4 \div 0.9$

20 整数のたし算とひき算

1 次の計算をしましょう。

月　　日

① 23+58　　② 79+84　　③ 73+134　　④ 415+569

⑤ 314+298　　⑥ 788+497　　⑦ 1710+472　　⑧ 2459+1268

2 次の計算をしましょう。

月　　日

① 92−45　　② 118−52　　③ 813−522　　④ 412−268

⑤ 431−342　　⑥ 1000−478　　⑦ 1870−984　　⑧ 2241−1736

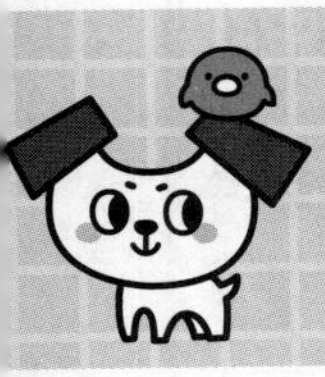

6年間の計算のまとめ

21 整数のかけ算

★できた問題には、「た」をかこう！

できき 1　できき 2

月　日

1 次の計算をしましょう。

① 45×2　② 29×7　③ 382×9　④ 708×5

⑤ 39×41　⑥ 54×28　⑦ 78×82　⑧ 32×45

月　日

2 次の計算をしましょう。

① 257×53　② 301×49　③ 83×265　④ 674×137

1 次の計算をしましょう。　　　　　　　　　　　　月　　　日

① 78÷6　　② 92÷4　　③ 162÷3　　④ 492÷2

⑤ 68÷17　　⑥ 152÷19　　⑦ 406÷29　　⑧ 5456÷16

2 商を一の位まで求め、あまりも出しましょう。　　　月　　　日

① 84÷5　　② 906÷53　　③ 956÷29　　④ 2418÷95

23 小数のたし算とひき算

1 次の計算をしましょう。　　　　　　　　　　　　　月　　　日

① 4.3＋3.5　　② 2.8＋0.3　　③ 7.2＋4.9　　④ 16＋0.5

⑤ 0.93＋0.69　⑥ 2.75＋0.89　⑦ 2.4＋0.08　⑧ 61.8＋0.94

2 次の計算をしましょう。　　　　　　　　　　　　　月　　　日

① 3.7－1.2　　② 7.4－4.5　　③ 11.7－3.6　　④ 4－2.4

⑤ 0.43－0.17　⑥ 2.56－1.94　⑦ 5.7－0.68　⑧ 3－0.09

6年間の計算のまとめ

24 小数のかけ算

★ できた問題には、
「た」をかこう!

1 次の計算をしましょう。

月　　日

① 3.2×8　　② 0.27×2　　③ 9.4×66　　④ 7.18×15

2 次の計算をしましょう。

月　　日

① 12×6.7　　② 7.3×0.8　　③ 2.8×8.2　　④ 3.6×2.5

⑤ 9.08×4.8　　⑥ 3.4×0.04　　⑦ 0.65×0.77　　⑧ 13.4×0.56

1 次の計算をしましょう。　　　　　　　　　　　月　　　日

① 6.5÷5　　② 42÷0.7　　③ 39.2÷0.8　　④ 37.1÷5.3

⑤ 50.7÷0.78　⑥ 8.37÷2.7　⑦ 19.32÷6.9　⑧ 6.86÷0.98

2 商を $\frac{1}{10}$ の位まで求め、あまりも出しましょう。　　月　　　日

① 6.8÷3　　② 2.7÷1.6　　③ 5.9÷0.15　　④ 32.98÷4.3

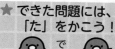
1 次のわり算を、わり切れるまで計算しましょう。 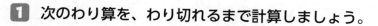 月　　日

① 5.1÷6　　　② 11.7÷15　　　③ 13÷4　　　④ 21÷24

2 次のわり算を、わり切れるまで計算しましょう。 月　　日

① 2.3÷0.4　　② 2.09÷0.5　　③ 3.3÷2.5　　④ 9.36÷4.8

⑤ 1.96÷0.35　⑥ 4.5÷0.72　⑦ 72.8÷20.8　⑧ 3.85÷3.08

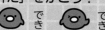
1 商を四捨五入して、$\frac{1}{10}$ の位までのがい数で求めましょう。

月　　　日

①　9.9÷49　　　②　4.9÷5.7　　　③　5.06÷7.9　　　④　1.92÷0.28

2 商を四捨五入して、上から2けたのがい数で求めましょう。

月　　　日

①　26÷9　　　②　12.9÷8.3　　　③　8÷0.97　　　④　5.91÷4.2

28 分数のたし算とひき算

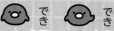

1 次の計算をしましょう。

| | 月　　　日 |

① $\dfrac{4}{7} + \dfrac{1}{7}$　　　　　② $\dfrac{2}{3} + \dfrac{3}{8}$

③ $\dfrac{1}{5} + \dfrac{7}{15}$　　　　　④ $1\dfrac{3}{10} + \dfrac{7}{8}$

⑤ $\dfrac{5}{6} + 3\dfrac{1}{2}$　　　　　⑥ $1\dfrac{5}{7} + 1\dfrac{11}{14}$

2 次の計算をしましょう。

| | 月　　　日 |

① $\dfrac{3}{5} - \dfrac{2}{5}$　　　　　② $\dfrac{4}{5} - \dfrac{3}{10}$

③ $\dfrac{5}{6} - \dfrac{3}{10}$　　　　　④ $\dfrac{34}{21} - \dfrac{11}{14}$

⑤ $1\dfrac{1}{12} - \dfrac{3}{8}$　　　　　⑥ $2\dfrac{3}{5} - 1\dfrac{2}{3}$

29 分数のかけ算

1 次の計算をしましょう。

月　　日

① $\dfrac{3}{7} \times 4$

② $9 \times \dfrac{5}{6}$

③ $\dfrac{2}{5} \times \dfrac{4}{3}$

④ $\dfrac{3}{4} \times \dfrac{5}{9}$

⑤ $\dfrac{2}{3} \times \dfrac{9}{8}$

⑥ $\dfrac{7}{5} \times \dfrac{10}{7}$

2 次の計算をしましょう。

月　　日

① $\dfrac{4}{5} \times 1\dfrac{2}{3}$

② $1\dfrac{1}{8} \times \dfrac{2}{3}$

③ $1\dfrac{1}{2} \times 1\dfrac{5}{9}$

④ $1\dfrac{1}{9} \times 1\dfrac{7}{8}$

⑤ $1\dfrac{2}{5} \times 1\dfrac{3}{7}$

⑥ $2\dfrac{1}{4} \times 1\dfrac{1}{3}$

1 次の計算をしましょう。

月　　日

① $\dfrac{3}{4} \div 5$

② $7 \div \dfrac{5}{8}$

③ $\dfrac{2}{5} \div \dfrac{6}{7}$

④ $\dfrac{5}{6} \div \dfrac{10}{9}$

⑤ $\dfrac{10}{7} \div \dfrac{5}{14}$

⑥ $\dfrac{8}{3} \div \dfrac{4}{9}$

2 次の計算をしましょう。

月　　日

① $\dfrac{4}{9} \div 3\dfrac{1}{3}$

② $1\dfrac{3}{5} \div \dfrac{4}{5}$

③ $2\dfrac{2}{3} \div 1\dfrac{2}{3}$

④ $2\dfrac{1}{2} \div 1\dfrac{7}{8}$

⑤ $1\dfrac{1}{3} \div 1\dfrac{7}{9}$

⑥ $1\dfrac{3}{5} \div 2$

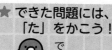

★ できた問題には、
「た」をかこう！

でき
1 ◯

1 次の計算をしましょう。

月　日

① $\dfrac{3}{2} \times \dfrac{5}{9} \times \dfrac{4}{5}$

② $5 \times \dfrac{2}{15} \times 4\dfrac{1}{2}$

③ $\dfrac{8}{7} \times \dfrac{5}{16} \div \dfrac{5}{6}$

④ $\dfrac{5}{6} \times 4\dfrac{1}{2} \div \dfrac{5}{7}$

⑤ $\dfrac{5}{8} \div \dfrac{3}{4} \times \dfrac{3}{5}$

⑥ $2\dfrac{1}{4} \div 6 \times \dfrac{14}{15}$

⑦ $\dfrac{2}{3} \div \dfrac{14}{15} \div \dfrac{8}{7}$

⑧ $1\dfrac{2}{5} \div \dfrac{9}{10} \div 7$

1 次の計算をしましょう。

月　　日

① 4×5＋3×6

② 6×7－14÷2

③ 48÷6－16÷8

④ 10－(52－7)÷9

⑤ (9＋7)÷2＋8

⑥ 12＋2×(3＋5)

2 次の計算をしましょう。

月　　日

① $\left(\dfrac{2}{7}+\dfrac{3}{5}\right)\times 35$

② $30\times\left(\dfrac{5}{6}-\dfrac{7}{10}\right)$

③ $0.4\times 6\times\dfrac{5}{8}$

④ $0.32\times 9\div\dfrac{8}{5}$

⑤ $\dfrac{2}{9}\div 4\times 0.6$

⑥ $0.49\div\dfrac{7}{25}\div 3$

答え

1 分数×整数 ①

1 ① $\dfrac{5}{6}$ ② $\dfrac{8}{9}$

③ $\dfrac{27}{4}\left(6\dfrac{3}{4}\right)$ ④ $\dfrac{16}{5}\left(3\dfrac{1}{5}\right)$

⑤ $\dfrac{4}{3}\left(1\dfrac{1}{3}\right)$ ⑥ $\dfrac{18}{7}\left(2\dfrac{4}{7}\right)$

2 ① $\dfrac{3}{4}$ ② $\dfrac{7}{2}\left(3\dfrac{1}{2}\right)$

③ $\dfrac{10}{3}\left(3\dfrac{1}{3}\right)$ ④ $\dfrac{20}{3}\left(6\dfrac{2}{3}\right)$

⑤ 1 ⑥ 8

2 分数×整数 ②

1 ① $\dfrac{6}{7}$ ② $\dfrac{9}{2}\left(4\dfrac{1}{2}\right)$

③ $\dfrac{21}{8}\left(2\dfrac{5}{8}\right)$ ④ $\dfrac{15}{4}\left(3\dfrac{3}{4}\right)$

⑤ $\dfrac{12}{5}\left(2\dfrac{2}{5}\right)$ ⑥ $\dfrac{16}{3}\left(5\dfrac{1}{3}\right)$

2 ① $\dfrac{1}{2}$ ② $\dfrac{5}{4}\left(1\dfrac{1}{4}\right)$

③ $\dfrac{5}{6}$ ④ $\dfrac{15}{4}\left(3\dfrac{3}{4}\right)$

⑤ 2 ⑥ 15

3 分数÷整数 ①

1 ① $\dfrac{8}{63}$ ② $\dfrac{6}{35}$

③ $\dfrac{4}{15}$ ④ $\dfrac{5}{3}\left(1\dfrac{2}{3}\right)$

⑤ $\dfrac{3}{8}$ ⑥ $\dfrac{1}{2}$

2 ① $\dfrac{1}{27}$ ② $\dfrac{1}{20}$

③ $\dfrac{1}{6}$ ④ $\dfrac{3}{20}$

⑤ $\dfrac{3}{14}$ ⑥ $\dfrac{3}{16}$

4 分数÷整数 ②

1 ① $\dfrac{5}{48}$ ② $\dfrac{3}{16}$

③ $\dfrac{2}{27}$ ④ $\dfrac{1}{5}$

⑤ $\dfrac{3}{10}$ ⑥ $\dfrac{3}{2}\left(1\dfrac{1}{2}\right)$

2 ① $\dfrac{1}{6}$ ② $\dfrac{1}{35}$

③ $\dfrac{1}{9}$ ④ $\dfrac{3}{25}$

⑤ $\dfrac{3}{8}$ ⑥ $\dfrac{4}{15}$

5 分数のかけ算①

1 ① $\dfrac{1}{30}$ ② $\dfrac{4}{15}$

③ $\dfrac{2}{15}$ ④ $\dfrac{5}{14}$

⑤ $\dfrac{8}{3}\left(2\dfrac{2}{3}\right)$ ⑥ 3

2 ① $\dfrac{8}{15}$ ② $\dfrac{21}{16}\left(1\dfrac{5}{16}\right)$

③ $\dfrac{4}{3}\left(1\dfrac{1}{3}\right)$ ④ $\dfrac{8}{3}\left(2\dfrac{2}{3}\right)$

⑤ $\dfrac{12}{7}\left(1\dfrac{5}{7}\right)$ ⑥ 9

6 分数のかけ算②

1 ① $\dfrac{1}{14}$ ② $\dfrac{36}{35}\left(1\dfrac{1}{35}\right)$

③ $\dfrac{3}{10}$ ④ $\dfrac{5}{6}$

⑤ $\dfrac{1}{4}$ ⑥ $\dfrac{7}{24}$

2 ① $\dfrac{48}{35}\left(1\dfrac{13}{35}\right)$ ② $\dfrac{21}{8}\left(2\dfrac{5}{8}\right)$

③ $\dfrac{6}{5}\left(1\dfrac{1}{5}\right)$ ④ $\dfrac{5}{2}\left(2\dfrac{1}{2}\right)$

⑤ 2 ⑥ $\dfrac{10}{3}\left(3\dfrac{1}{3}\right)$

7 分数のかけ算③

1 ① $\dfrac{1}{12}$ ② $\dfrac{25}{42}$

③ $\dfrac{3}{28}$ ④ $\dfrac{2}{3}$

⑤ 3 ⑥ 6

2
① $\dfrac{35}{18}\left(1\dfrac{17}{18}\right)$　② $\dfrac{11}{7}\left(1\dfrac{4}{7}\right)$

③ $\dfrac{3}{2}\left(1\dfrac{1}{2}\right)$　④ 2

⑤ $\dfrac{21}{5}\left(4\dfrac{1}{5}\right)$　⑥ 20

8 分数のかけ算④

1 ① $\dfrac{1}{6}$　② $\dfrac{6}{49}$

③ $\dfrac{5}{16}$　④ $\dfrac{1}{4}$

⑤ 12　⑥ 6

2 ① $\dfrac{27}{35}$　② $\dfrac{13}{8}\left(1\dfrac{5}{8}\right)$

③ $\dfrac{6}{5}\left(1\dfrac{1}{5}\right)$　④ $\dfrac{5}{3}\left(1\dfrac{2}{3}\right)$

⑤ 4　⑥ $\dfrac{15}{2}\left(7\dfrac{1}{2}\right)$

9 3つの数の分数のかけ算

1 ① $\dfrac{10}{21}$　② $\dfrac{49}{45}\left(1\dfrac{4}{45}\right)$

③ $\dfrac{7}{12}$　④ $\dfrac{4}{5}$

⑤ $\dfrac{5}{4}\left(1\dfrac{1}{4}\right)$　⑥ $\dfrac{4}{7}$

2 ① $\dfrac{25}{48}$　② $\dfrac{3}{14}$

③ $\dfrac{9}{11}$　④ $\dfrac{1}{3}$

⑤ $\dfrac{7}{6}\left(1\dfrac{1}{6}\right)$　⑥ $\dfrac{5}{2}\left(2\dfrac{1}{2}\right)$

10 計算のきまり

1 ① $\dfrac{1}{5}$ (0.2)　② $\dfrac{11}{4}\left(2\dfrac{3}{4}、2.75\right)$

③ $\dfrac{7}{5}\left(1\dfrac{2}{5}、1.4\right)$　④ $\dfrac{1}{5}$ (0.2)

⑤ $\dfrac{1}{2}$ (0.5)　⑥ $\dfrac{1}{7}$

11 分数のわり算①

1 ① $\dfrac{15}{4}\left(3\dfrac{3}{4}\right)$　② $\dfrac{28}{15}\left(1\dfrac{13}{15}\right)$

③ $\dfrac{16}{7}\left(2\dfrac{2}{7}\right)$　④ $\dfrac{5}{12}$

⑤ $\dfrac{3}{2}\left(1\dfrac{1}{2}\right)$　⑥ $\dfrac{1}{9}$

2 ① $\dfrac{70}{27}\left(2\dfrac{16}{27}\right)$　② $\dfrac{1}{4}$

③ $\dfrac{15}{8}\left(1\dfrac{7}{8}\right)$　④ $\dfrac{7}{13}$

⑤ 16　⑥ $\dfrac{1}{12}$

12 分数のわり算②

1 ① $\dfrac{35}{12}\left(2\dfrac{11}{12}\right)$　② 21

③ $\dfrac{28}{5}\left(5\dfrac{3}{5}\right)$　④ $\dfrac{9}{10}$

⑤ $\dfrac{1}{12}$　⑥ $\dfrac{2}{3}$

2 ① 6　② $\dfrac{16}{27}$

③ $\dfrac{20}{27}$　④ $\dfrac{2}{3}$

⑤ $\dfrac{14}{9}\left(1\dfrac{5}{9}\right)$　⑥ $\dfrac{9}{16}$

13 分数のわり算③

1 ① $\dfrac{8}{3}\left(2\dfrac{2}{3}\right)$　② $\dfrac{9}{16}$

③ $\dfrac{18}{5}\left(3\dfrac{3}{5}\right)$　④ $\dfrac{7}{12}$

⑤ $\dfrac{2}{3}$　⑥ $\dfrac{3}{4}$

2 ① $\dfrac{28}{15}\left(1\dfrac{13}{15}\right)$　② $\dfrac{1}{4}$

③ $\dfrac{35}{13}\left(2\dfrac{9}{13}\right)$　④ $\dfrac{3}{4}$

⑤ 30　⑥ $\dfrac{3}{20}$

14 分数のわり算④

1 ① $\dfrac{80}{21}\left(3\dfrac{17}{21}\right)$　② 8

③ $\dfrac{14}{5}\left(2\dfrac{4}{5}\right)$　④ $\dfrac{14}{15}$

⑤ $\dfrac{1}{12}$　⑥ $\dfrac{2}{3}$

2 ① $\frac{34}{5}$ $\left(6\frac{4}{5}\right)$　② $\frac{12}{25}$

③ $\frac{20}{21}$　④ $\frac{6}{7}$

⑤ $\frac{3}{2}$ $\left(1\frac{1}{2}\right)$　⑥ $\frac{16}{9}$ $\left(1\frac{7}{9}\right)$

15 分数と小数のかけ算とわり算

1 ① $\frac{3}{70}$　② 4

③ $\frac{1}{3}$　④ $\frac{7}{5}$ $\left(1\frac{2}{5}、1.4\right)$

2 ① $\frac{27}{25}$ $\left(1\frac{2}{25}、1.08\right)$ ② $\frac{12}{5}$ $\left(2\frac{2}{5}、2.4\right)$

③ $\frac{15}{4}$ $\left(3\frac{3}{4}、3.75\right)$ ④ 1

16 分数のかけ算とわり算のまじった式①

1 ① $\frac{15}{2}$ $\left(7\frac{1}{2}\right)$　② $\frac{7}{18}$

③ $\frac{1}{6}$　④ $\frac{54}{35}$ $\left(1\frac{19}{35}\right)$

⑤ $\frac{9}{16}$　⑥ 12

⑦ $\frac{14}{9}$ $\left(1\frac{5}{9}\right)$　⑧ $\frac{5}{7}$

17 分数のかけ算とわり算のまじった式②

1 ① $\frac{45}{7}$ $\left(6\frac{3}{7}\right)$　② 1

③ $\frac{1}{10}$　④ $\frac{3}{10}$

⑤ $\frac{21}{8}$ $\left(2\frac{5}{8}\right)$　⑥ $\frac{2}{3}$

⑦ $\frac{3}{4}$　⑧ $\frac{5}{4}$ $\left(1\frac{1}{4}\right)$

18 かけ算とわり算のまじった式①

1 ① 2　② $\frac{24}{35}$

③ $\frac{5}{6}$　④ $\frac{5}{2}$ $\left(2\frac{1}{2}、2.5\right)$

⑤ $\frac{25}{3}$ $\left(8\frac{1}{3}\right)$　⑥ $\frac{72}{25}$ $\left(2\frac{22}{25}、2.88\right)$

⑦ $\frac{6}{5}$ $\left(1\frac{1}{5}、1.2\right)$　⑧ $\frac{18}{5}$ $\left(3\frac{3}{5}、3.6\right)$

19 かけ算とわり算のまじった式②

1 ① $\frac{1}{27}$　② $\frac{1}{5}$ (0.2)

③ $\frac{1}{15}$　④ $\frac{10}{7}$ $\left(1\frac{3}{7}\right)$

⑤ $\frac{15}{2}$ $\left(7\frac{1}{2}、7.5\right)$　⑥ $\frac{63}{50}$ $\left(1\frac{13}{50}、1.26\right)$

⑦ $\frac{16}{3}$ $\left(5\frac{1}{3}\right)$　⑧ $\frac{1}{3}$

20 6年間の計算のまとめ 整数のたし算とひき算

1 ①81　②163　③207　④984
⑤612　⑥1285　⑦2182　⑧3727

2 ①47　②66　③291　④144
⑤89　⑥522　⑦886　⑧505

21 6年間の計算のまとめ 整数のかけ算

1 ①90　②203　③3438　④3540
⑤1599　⑥1512　⑦6396　⑧1440

2 ①13621　②14749　③21995　④92338

22 6年間の計算のまとめ 整数のわり算

1 ①13　②23　③54　④246
⑤4　⑥8　⑦14　⑧341

2 ①16 あまり 4　②17 あまり 5
③32 あまり 28　④25 あまり 43

23 6年間の計算のまとめ 小数のたし算とひき算

1 ①7.8　②3.1　③12.1　④16.5
⑤1.62　⑥3.64　⑦2.48　⑧62.74

2 ①2.5　②2.9　③8.1　④1.6
⑤0.26　⑥0.62　⑦5.02　⑧2.91

24 6年間の計算のまとめ 小数のかけ算

1 ①25.6　②0.54　③620.4　④107.7

2 ①80.4　②5.84　③22.96　④9
⑤43.584　⑥0.136　⑦0.5005　⑧7.504

25 6年間の計算のまとめ 小数のわり算

1 ①1.3　②60　③49　④7
　　⑤65　⑥3.1　⑦2.8　⑧7

2 ①2.2 あまり 0.2　②1.6 あまり 0.14
　　③39.3 あまり 0.005　④7.6 あまり 0.3

26 6年間の計算のまとめ わり進むわり算

1 ①0.85　②0.78　③3.25　④0.875
2 ①5.75　②4.18　③1.32　④1.95
　　⑤5.6　⑥6.25　⑦3.5　⑧1.25

27 6年間の計算のまとめ 商をがい数で表すわり算

1 ①0.2　②0.9　③0.6　④6.9
2 ①2.9　②1.6　③8.2　④1.4

28 6年間の計算のまとめ 分数のたし算とひき算

1 ①$\frac{5}{7}$　②$\frac{25}{24}\left(1\frac{1}{24}\right)$

　③$\frac{2}{3}$　④$\frac{87}{40}\left(2\frac{7}{40}\right)$

　⑤$\frac{13}{3}\left(4\frac{1}{3}\right)$　⑥$\frac{7}{2}\left(3\frac{1}{2}\right)$

2 ①$\frac{1}{5}$　②$\frac{1}{2}$

　③$\frac{8}{15}$　④$\frac{5}{6}$

　⑤$\frac{17}{24}$　⑥$\frac{14}{15}$

29 6年間の計算のまとめ 分数のかけ算

1 ①$\frac{12}{7}\left(1\frac{5}{7}\right)$　②$\frac{15}{2}\left(7\frac{1}{2}\right)$

　③$\frac{8}{15}$　④$\frac{5}{12}$

　⑤$\frac{3}{4}$　⑥2

2 ①$\frac{4}{3}\left(1\frac{1}{3}\right)$　②$\frac{3}{4}$

　③$\frac{7}{3}\left(2\frac{1}{3}\right)$　④$\frac{25}{12}\left(2\frac{1}{12}\right)$

　⑤2　⑥3

30 6年間の計算のまとめ 分数のわり算

1 ①$\frac{3}{20}$　②$\frac{56}{5}\left(11\frac{1}{5}\right)$

　③$\frac{7}{15}$　④$\frac{3}{4}$

　⑤4　⑥6

2 ①$\frac{2}{15}$　②2

　③$\frac{8}{5}\left(1\frac{3}{5}\right)$　④$\frac{4}{3}\left(1\frac{1}{3}\right)$

　⑤$\frac{3}{4}$　⑥$\frac{4}{5}$

31 6年間の計算のまとめ 分数のかけ算とわり算のまじった式

1 ①$\frac{2}{3}$　②3

　③$\frac{3}{7}$　④$\frac{21}{4}\left(5\frac{1}{4}\right)$

　⑤$\frac{1}{2}$　⑥$\frac{7}{20}$

　⑦$\frac{5}{8}$　⑧$\frac{2}{9}$

32 6年間の計算のまとめ いろいろな計算

1 ①38　②35
　　③6　④5
　　⑤16　⑥28

2 ①31　②4
　　③$\frac{3}{2}\left(1\frac{1}{2}、1.5\right)$　④$\frac{9}{5}\left(1\frac{4}{5}、1.8\right)$

　⑤$\frac{1}{30}$　⑥$\frac{7}{12}$

A